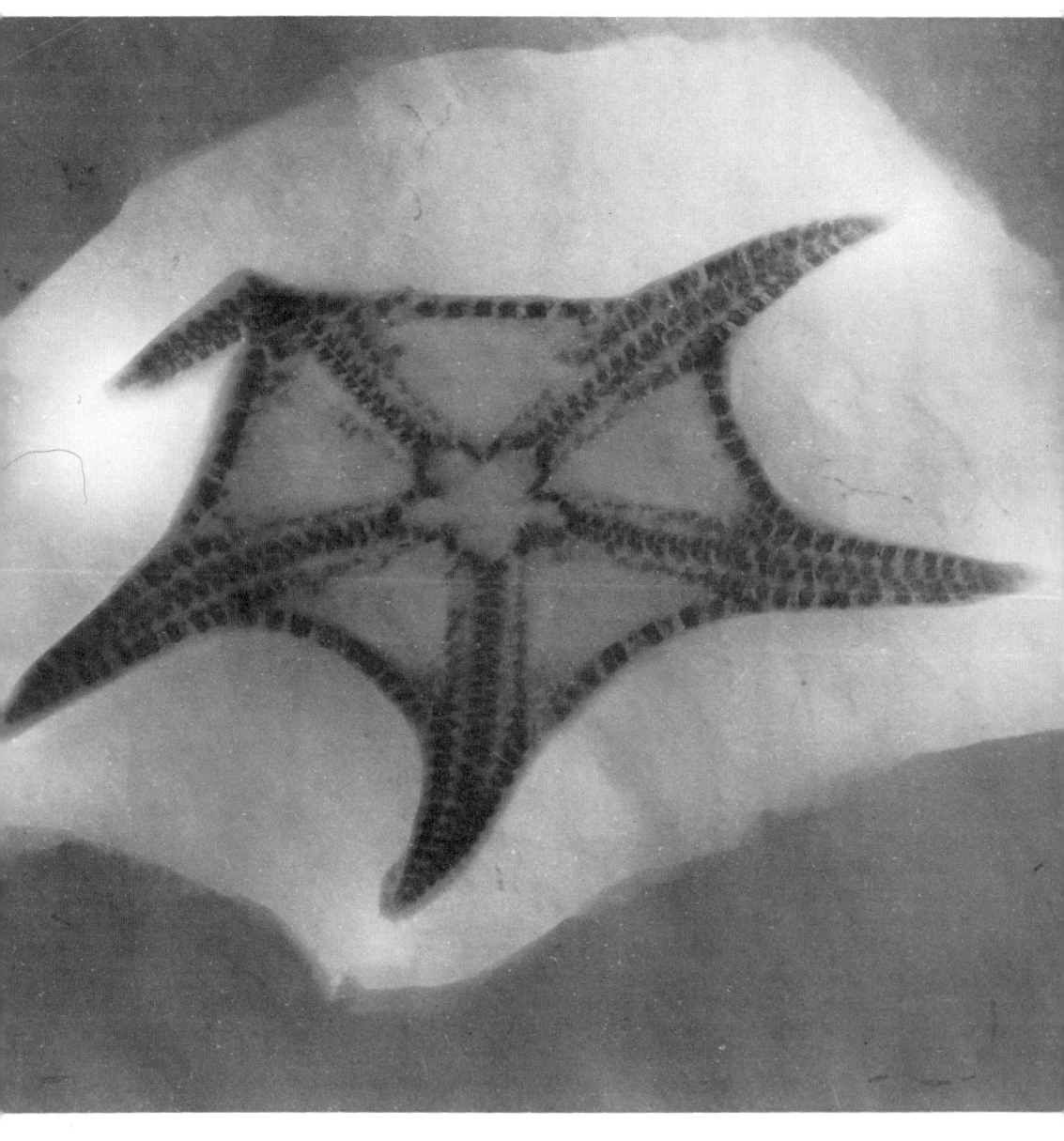

Volker Kneidl

Hunsrück und Nahe

Geologie, Mineralogie und
Paläontologie

Ein Wegweiser für den Liebhaber

Gondrom

Mit 66 Farbfotos, 13 Schwarzweiß-Fotos, 16 Röntgenbildern und 17 Zeichnungen.
Alle Röntgenaufnahmen stammen vom Verfasser, ebenso die Abbildungen ohne Namensangabe.
Bildnachweis: Archiv Förderverein Fischbach 91 oben; D. Bestmann, Gemünden 32 unten; R. Conradt, Simmertal 42 unten, 43 oben, 118; R. Dröschel, Idar-Oberstein 39 unten, 85 unten – 89, 113 oben und unten; K. Faller, Simmern 9 oben; Photo Greber, Idar-Oberstein 97, 112/113; M. Jeiter, Aachen 16, 104 (aus dem Bildband „Kunst und Kultur im Birkenfelder Land" der Kreissparkasse Birkenfeld); Foto Roedler, Kirn 93; E. Schmidt, Sobernheim 43 unten; Westfalia Lünen 91 links, 107; Reproduktionen P. Rösch, Geologisches Institut Freiburg 44 oben und unten, 53 links; Zeichnungen (nach Vorlagen des Verfassers) H.-H. Kropf 17, 20, 34, 39 oben, 41, 53 rechts, 65, 105, 120–122.

Umschlaggestaltung von Edgar Dambacher unter Verwendung zweier Aufnahmen von V. Kneidl. Das große Bild zeigt *Hapalocrinus frechi* JAEKEL aus dem Hunsrückschiefer von Bundenbach in einer Röntgenaufnahme (1,2fache Vergrößerung; Sammlung Karl-Geib-Museum Bad Kreuznach), das kleine Gemünden, aufgenommen von der Schieferhalde der Kaisergrube.

Das Frontispiz (S. 2) zeigt *Euzonosoma tischbeiniana* (F. ROEMER) (Größe 9$\times$6,5 cm), eine häufige Ophiuroideenform aus dem unterdevonischen Hunsrückschiefer von Bundenbach, Röntgenaufnahme, $\times$ 2 (Slg. Karl-Geib-Museum Bad Kreuznach).

Stuttgart / 1984
Alle Rechte, insbesondere das Recht der Vervielfältigung, Verbreitung und Übersetzung, vorbehalten.
Kein Teil des Werkes darf in irgendeiner Form (durch Fotokopie, Mikrofilm oder ein anderes Verfahren) ohne schriftliche Genehmigung des Verlages reproduziert oder unter Verwendung elektronischer Systeme verarbeitet, vervielfältigt oder verbreitet werden.
Sonderausgabe für Gondrom Verlag GmbH & Co. KG, Bindlach 1993
© 1984 Franckh-Kosmos Verlags-GmbH & Co., Stuttgart
Satz: G. Müller, Heilbronn
ISBN 3-8112-1015-7

Hunsrück und Nahe

Vorwort	6	Bad Kreuznach	100
		Bad Münster a. St.-Ebernburg	100
Kultur und Siedlungsgeschichte	7	Bingen	101
Geographisches	11	Breitenheim	102
		Bruschied	102
Eine Milliarde Jahre Erdgeschichte	15	Bundenbach	103
Vordevon	15	Eckelsheim	106
Devon	19	Fischbach	107
Karbon	38	Gemünden	108
Perm	40	Idar-Oberstein	112
Geologische Verhältnisse im Mesozoikum	52	Jeckenbach	112
		Langenthal	114
Tertiär	52	Obermoschel	114
Quartär	63	Odernheim	115
		Rockenhausen	115
Entstehung des Hunsrückschiefers und seiner Fossilien	66	Rudolfshaus	115
		Schloß Dhaun	117
Fossilien im Hunsrückschiefer	71	Simmern	117
Präparation von Hunsrückschiefer-Fossilien	77	Sobernheim	118
		Steinhardt	118
		Waldalgesheim	118
Schieferabbau im Wandel der Zeiten	81	Waldböckelheim	119
Die Rotliegend-Achate und ihre Bildung	84	**Karten und Wanderführer**	123
Bergbau im Hunsrück-Nahe-Raum	90	**Literatur**	124
Fundstellen und Sehenswürdigkeiten	98	**Glossar**	125
Alzey	98	**Register**	126

Vorwort

„Die Geologen kennen Bundenbach als einen Ort, der eine ungewöhnlich reiche, versteinerte Tierwelt in seinen Dachschiefern birgt... Bundenbach hat den Ruf, in ganz Europa die schönsten und zierlichsten Lebensformen aus den untersten Ablagerungen des Devon-Meeres aufzuweisen, namentlich sein Reichtum an Seesternen und Seelilien ist unter Fachleuten berühmt. In fast allen Museen der Welt liegen Schieferplatten aus Bundenbach, in denen Tiere eingebettet sind, die ehemals im Urmeer über unserer Heimat ihr seltsames Wesen trieben" (OPITZ 1932, S. 3).

Das vorliegende Buch gibt einen Einblick in die vielfältige Welt der Schiefergruben und ihren Fossilreichtum, umreißt die dazugehörige Entstehungsgeschichte des Hunsrücks und regt zu eigenen Entdeckungsfahrten im Hunsrück an. Dieser bildet mit dem Nahe-Raum eine natürliche Einheit. Folglich wird auch dieses Gebiet samt seinem Edelsteinzentrum Idar-Oberstein und seinen mannigfachen Mineral- und Fossilfundorten vorgestellt. In wohl kaum einem anderen Teil Deutschlands wird man Geologie, Mineralogie und Paläontologie in einer so reizvollen Landschaft betreiben können. Vor allem aber ist es die Schönheit der Versteinerungen und Mineralien, die immer von neuem den Sammler und den Wissenschaftler anzieht. Einmal von ihrem besonderen Reiz gepackt, ist man „Hunsrücker" und kommt immer wieder.

Der Verfasser möchte mit diesem Buch auch eine Verbindung zu den Fossilien- und Mineraliensammlern herstellen. Er ist gerne bereit, Bestimmungen durchzuführen oder Verbindung mit anderen Geologen oder Paläontologen herzustellen.

An dieser Stelle sei auch ausdrücklich all denen gedankt, die mit Rat und Tat zum Gelingen dieses Buches beigetragen haben, besonders aber Herrn A. PETH, dem Vorsitzenden der „Heimatfreunde Oberstein e.V.".

Volker Kneidl

Kultur- und Siedlungsgeschichte

Um 20000 v. Chr. erreichte die letzte Eiszeit ihre größte Ausdehnung. Die südliche Grenze des skandinavischen Eisschildes lag damals annähernd auf der Linie Hamburg – Berlin. Während dieser kältesten Phase wurden Hunsrück und Nahe-Raum anscheinend vom Menschen gemieden. Aber bereits 10000 v. Chr. gab es bei nahezu gemäßigtem Klima in einer Steppenlandschaft Rastplätze von Menschen, die als Jäger einer arten- und individuenreichen Tierwelt nachstellen konnten. Ihre bevorzugte Beute waren Pferde; daneben wurden Ren, Wisent, Ur, Elch, Saigaantilope, Polarfuchs und Schneehase gejagt. Aber auch Gemse, Mammut und Nashorn können unter den Beutetieren nachgewiesen werden. Selbst der Löwe soll vereinzelt so weit im Norden aufgetreten sein.

Nur dort, wo eine mächtige Bims- und Lößschicht die Siedlungsplätze überdeckte, blieben diese vor Zerstörung bewahrt. So ist auch der Fund der Gönnersdorfer Siedlung nördlich

Blick vom Turm der Ruine Koppenstein (551 m) über die Hunsrückhochfläche nach Süden.

Koblenz im Neuwieder Becken solch günstigen Umständen zu verdanken. Aus der Gegend von Bad Kreuznach können die ältesten Frühgeschichtsfunde auf 9500 v. Chr. datiert werden.
Aus der Jungsteinzeit (ca. 4000–1800 v. Chr.) stammen zahlreiche archäologische Funde. So sind allein aus dem Hunsrück von mehr als zehn Fundstellen Steinbeile bekannt. Über die Hälfte dieser Fundstellen liegt in der Umgebung von Gemünden. Im angegebenen Zeitraum ging der Mensch auch im Hunsrück zu einer seßhaften Lebensweise über, indem er planmäßig Feldfrüchte (Weizen, Gerste, Hirse, Lein, Hülsenfrüchte) anbaute und Vieh (Rind, Schwein, Ziege und Schaf) als Haustiere hielt und züchtete. Dadurch wurde er allmählich von der Natur unabhängiger.
Zur Aufbewahrung der Feldfrüchte fertigte er Gefäße aus Ton; es entstand die Töpferkunst. Anhand der keramischen Produkte lassen sich verschiedene Kulturkreise unterscheiden; so die Rössener, die Michelsberger und die Glockenbecherkultur.
Etwa um 2000 v. Chr. tauchen mit der Glockenbecherkultur Metallgeräte aus Kupfer auf. Bronze wurde zu dieser Zeit wohl noch aus dem Vorderen Orient importiert.
Von 1800–700 v. Chr., in der Bronzezeit, wurde die Metallverarbeitung durch vielfältige Einflüsse stark vorangetrieben; auch das Material der Waffen änderte sich schnell. Die Entwicklung reicht bis zu nach komplizierten Verfahren gegossenen Bronzewaffen. Die Hügelgräber-Bronzezeit („Mittelrheingruppe") zeigt in den Grabbeigaben (Bronzeschwerter, Dolche, Schmuck) eine reiche Entfaltung menschlicher Tätigkeit. In der darauffolgenden Urnenfelderkultur trat an die Stelle der Körperbestattung in Hügelgräbern die Brandbestattung in Urnen.

In der Hallstattzeit (700–450 v. Chr.; Beginn der Eisenzeit), im Nahe-Hunsrück-Raum „Hunsrück-Eifel-Kultur I" genannt, gab es, wie die Grabfunde ausweisen, starke soziale Unterschiede. „Häuptlinge" (Fürsten, Herren) wurden damals mit dem zweirädrigen Streitwagen und Pferd begraben (Grab von Oppertshausen).
In der Hunsrück-Eifel-Kultur II, der frühen Latènezeit, unterstreicht Goldschmuck als Grabbeigabe Bedeutung und Reichtum der Oberschicht (Wagengrab von Bell, Fürstengrab von Waldalgesheim). Der „Waldalgesheim-Stil" besitzt in der keltischen Kunst eine herausragende Stellung. Daß in Waldalgesheim besonders reich ausgestattete Gräber gefunden wurden, könnte u. a. mit den Eisenerzvorkommen dieses Ortes zusammenhängen, die wohl auch zu einer frühen Besiedlung Anlaß gaben.
Um 400 v. Chr. waren die Kelten in Mittel- und Westeuropa die beherrschende Macht. Sie plünderten sogar 391 v. Chr. Rom und unternahmen Kriegszüge bis nach Kleinasien. Zu dieser Zeit herrschte ein intensiver Güteraustausch. Die Grabbeigaben weisen auf einen regen Handel mit Etruskern und Griechen.
In die Latènezeit gehört auch der große Ringwall von Otzenhausen (ca. 200–100 v. Chr.), die westlichste Anlage auf dem Wildenburgrücken. Möglicherweise handelt es sich dabei um ein „Oppidum", eine jener Höhenfestungen bzw. Städte der Kelten, wie sie uns in Bibracte (Mont Benvray) in Frankreich begegnet. Natürlich müssen in diesem Zusammenhang auch die Wehrbauten auf dem Dommelsberg südlich Koblenz, Damianskopf und Ohligsberg im Binger Wald, Marialskopf bei Medard am Glan und auf dem Donnersberg/Pfalz erwähnt werden. Zwischen diesen Ring- bzw. Abschnittswällen und den reich ausgestatteten

Rechts: Der Aussichtsturm auf der Bergkuppe der Alteburg (621 m) bei Gemünden vermittelt einen weiten Blick über die Hochfläche des Hunsrücks. In keltischer Zeit war die Alteburg von einem Ringwallsystem umgeben.

Unten: Ruine Schmidtburg bei Bundenbach mit der Besuchergrube Herrenberg und dem Plateau der keltischen Altburg (rechts im Hintergrund).

Fürstengräbern besteht sicher eine direkte Beziehung. Sie ist besonders augenfällig beim Ringwall von Otzenhausen und dem Fürstengrab von Schwarzenbach.
Weiterhin sind keltischen Ursprungs die „Altburg" bei Bundenbach, die „Alteburg" südlich Gemünden und die „Alte Burg" bei Laudert. Bei der „Altburg" vermutet man sogar bereits für das 2. Jahrhundert v. Chr. Bergbau. Auch bei Fischbach finden sich Indizien für einen al-

ten Bergbau („Glasburg"), den es ebenfalls am Lemberg gegeben haben könnte, nachdem dort Treppenstollen existieren, die mindestens römerzeitlich sind. Auch der Name spricht dafür, denn „lim" oder „lem" bedeutet im Keltischen Kupfer. Bei Wallerfangen/Saarland ist römischer Kupferbergbau belegt.
Für die Spätlatènezeit haben wir neben Bodenfunden erstmalig auch schriftliche, römische Quellen. Zu nennen ist hier vor allem Cäsar, der 58–51 v. Chr. Gallien (und damit auch Hunsrück und Nahe-Raum) bis zum Rhein eroberte. In seinen Schriften geht er auch auf die Bewohner dieses Raumes, die Treverer, ein, die er zu den Belgen, einer keltisch-germanischen Volksgruppe zählt. Während der Römerherrschaft (bis 400 n. Chr.), die in ihren Anfängen durch mehrere Aufstände gekennzeichnet war, löste sich das Keltentum als eigenständige Kultur auf.
Die Römer schufen zur Sicherung des eroberten Gebietes systematisch ein Netz von Straßen, das in manchen Teilen sicher auf einem älteren fußt. An diesen Straßen wurden in regelmäßigen Abständen von 4–5 km Straßenposten, Absteigequartiere oder Pferdewechselstellen eingerichtet. Es entstanden Gutshöfe, die mit ihren Produkten zur Versorgung der Bewohner der Städte und der römischen Truppen beitrugen. 259/60 n. Chr. brach die Grenzverteidigung am obergermanischen Limes zusammen; das rechtsrheinische Gebiet ging für die Römer verloren. Die Germanen, Alamannen und Franken, stießen in der Folgezeit immer wieder über den Rhein nach Gallien vor. Trotz aller Versuche, die Rheinlinie zu halten, mußten sich die Römer 406 n. Chr., nach der Zerstörung von Mainz, allmählich zurückziehen. 475 wurde Trier und damit auch der Hunsrück als römische Provinz aufgegeben.
Um 450 verlief die Grenze zwischen Franken und Alamannen zwischen Mainz und Worms. 486 besiegte Chlodwig bei Soissons die Römer und 496/497 die Alamannen. Er legte damit den Grundstock für das fränkische Reich und die Entwicklung der urbanen Zentren, wie wir sie heute noch vorfinden.

Geographisches

„Über die reißende Nahe schon war ich
in dämmerndem Frühlicht,
den alten Ort[1] bewundernd,
der nun mit neuer Mauer umgeben,
… Einsamen Weg betrat ich nunmehr
durch düstere Forsten,
Nicht die mindeste Spur menschlichen
Anbaus gewahrend,
Kam durch Dumnissum[2], das trockene,
mit lechzenden Fluren,
Durch Tabernae, bespült von nie
versiegender Quell, und
Durch die Felder, die jüngst sarmatischen[3]
Pflanzern man
darmaß…"

„Mosella" nannte AUSONIUS sein Gedicht, in dem er den Weg beschrieb, der ihn 368 n. Chr. an den Hof von Kaiser Valentinianus I. in Trier führte.
Hunsrück und Nahe-Raum, landschaftlich, wie in diesem Gedicht beschrieben, Gegensätze darstellend, waren vor über 1000 Jahren im „Nahegau" Karls des Großen eine Einheit. Sie sind es auch heute, trotz der verwaltungspolitischen Grenzen (Landkreise), die durch den Hunsrück laufen.
Im landschaftlich geographischen Sinn bildet der Hunsrück den Südwestteil des Rheinischen Schiefergebirges; er wird im Norden von der Mosel, im Osten vom Rhein, im Süden von der Nahe und im Westen von der Saar begrenzt. Der Name Hunsrück wird erstmalig als „hundesrucha" in einer Urkunde des Klosters Ravengiersburg 1074 genannt. Über die Ableitung des Wortes gibt es viele Ansichten. Wir folgen hier der von FREYTAG. Nach ihm stammt „Hund" von „Hunto", einer altgermanischen Amtsbezeichnung für den Unterrichter, die am Ende des 1. Jahrtausends eine Abwandlung zu „Hund" mit der Bedeutung (lateinisch) „canis" erfahren hat. Die zweite Silbe, „rück", kann von Gericht abgeleitet werden. Damit wäre „Hunsrück" die Gerichtsstätte des Hunto. Sie könnte sich in der Flur „Hundsrück", die zwischen der Nunkirche und Gemünden im Kernland des Hunsrücks liegt, befunden haben. Bei der Nunkirche hielt man bis ins 16. Jahrhundert Gerichtssitzungen, die Hundgedinge, unter der Leitung der Edelherren von Heinzenberg. Der „Nunkircher Markt" (am 1. Wochenende im September) führt diese Tradition in anderer Form fort.
Das Kernland des Hunsrücks ist zugleich das Zentrum des Schieferbergbaus. Orte wie Gemünden, Mengerschied, Bundenbach, Rudolfshaus, Dickenschied, Lindenschied, Altlay, Rhaunen, Oberkirn sowie die am Rhein gelegenen Kaub (rechtsrheinisch) und Bacharach haben die Kunde von der Qualität des Hunsrück-Dachschiefers weit verbreitet. Heute gehören diese Gemeinden zu drei verschiedenen Landkreisen: Simmern, Birkenfeld und Bad Kreuznach, und jeder Kreis möchte für sich ein Stückchen des guten Dachschiefers herausschneiden.

---

[1] Bingen; [2] Denzen bei Kirchberg; [3] Im Gebiet der Sarmaten liegt das heutige Sohren

Die Nunkirche bei Sargenroth südlich Simmern.

Simmern, die heimliche Hauptstadt des Hunsrücks, Kirchberg, die älteste Stadt (seit 1249), Gemünden, die Perle des Hunsrücks, sind zentrale Orte des nördlichen Teils. Im östlichen und südlichen sind es Bingen am Rhein, das römische Vingum, Bad Kreuznach, das römische Cruciniacum, und Meisenheim, ein mittelalterliches Kleinod, das „Rothenburg am Glan". Und der Westen wartet auf mit Kirn, das mit seinen Burgen protzen kann, Idar-Oberstein, dem Edelsteinzentrum, und Birkenfeld als Mittelpunkt im „Land des Blauen Löwen".

Im durch Autobahnen und Bundesstraßen gut erschlossenen Hunsrück gelangt man aus allen Himmelsrichtungen schnell an die Fundstätten. Aber nicht nur sie bieten Besonderes, auch die Landschaft zeigt sich ungemein reizvoll. Kommt man im Frühjahr aus der von Lößhügeln geprägten Flur bei Bad Kreuznach, so durchmißt man Blausternchen-Wälder oder Orchideen-Haine, bevor man in die Jagdreviere des „Jägers aus Kurpfalz" eintritt. Der stille Wanderer kann hier die Wunder der Natur wirklich „erleben". Und wer weniger Schweiß vergießen will, erschließt sich das „Schinderhannesland" im zweispännigen Planwagen.

Zum Kennenlernen bieten sich ebenso die „Deutsche Edelsteinstraße" und die „Nahe-Weinstraße" mit ihren vielfältigen Erlebnismöglichkeiten an. Freizeit und Kultur stehen hier in Tuchfühlung. Es sei nur an die zahlreichen Burgen, Schlösser und Ruinen erinnert: Moschellandsburg, Altenbaumburg, Ebernburg, Stromburg, Balduinseck, Kastellaun,

Aussichtsturm der Ruine Koppenstein bei Gemünden. Im Vordergrund Taunusquarzit, der eine Sattelstruktur nachzeichnet.

Dill, Koppenstein, Schmidtburg, Steinkallenfels, Kyrburg, Sponheim, Dalberg, Gutenberg, Montfort, Wasserburg Baldenau, Altes und Neues Schloß in Idar-Oberstein, Schloß Gemünden, Schloß Dhaun – um nur die wichtigsten zu nennen.

Mit einem Nonplusultra kann Bad Münster a. St.-Ebernburg aufwarten. Es bietet mit der mehr als 200 m hohen, eindrucksvollen, aus permischem Quarzporphyr aufgebauten Steilwand des Rotenfels die höchste außeralpine Steilwand Deutschlands.

In diesem Gebiet an der Nahe, mit seinem sommertrockenen, fast mediterranen Klima, gedeiht vorzüglicher Wein. Ab einer Höhenlage von 300 m oder einem mittleren Jahresniederschlag von 600 mm, dies trifft auch für die Hunsrück-Hochfläche zu, herrscht Getreideanbau vor, während auf den Rücken von Idarwald und Soonwald die Forstwirtschaft für Staat und Gemeinden einen wesentlichen wirtschaftlichen Faktor darstellt. Es ist vor allem das Klima, das diese unterschiedlichen Wirtschaftsstrukturen bedingt. Regnet es am Unterlauf von Nahe, Alsenz und Glan mit ca. 550 mm pro Jahr relativ wenig, was einer sehr hohen Sonnenscheindauer entspricht (annähernd Maximum für Deutschland), so steigen die Niederschlagsmengen auf der Simmerner Hochfläche bis ca. 700 mm (Durchschnitt für Deutschland rund 800 mm/Jahr), im Soonwald (höchste Punkte Ellerspring 658 m,

Die Steilwand des Rotenfels bei Bad Münster a. St. Im Vordergrund die Nahe.

Schanzerkopf 643 m) auf annähernd 800 mm und im Idarwald (mit den höchsten Erhebungen von Rheinland-Pfalz, dem Erbeskopf, 818 m, Idarkopf, 746 m), der im Winter auch zum Skilauf einlädt, auf maximal 1100 mm. Das „Naturparadies Nahe/Hunsrück" – wie es von den Fremdenverkehrsämtern angepriesen wird – versteht sich auch heute noch als intakte, ökologisch wirksame Pufferzone. „Hunsrück" steht für Wandern, aktive Erholung, ausgedehnte Wälder, Kultur, Sonne, Wein und natürlich Fossilien und Mineralien.

Erdgeschichte des Hunsrück-Nahe-Raums im Überblick (in Millionen Jahren)

ERDNEUZEIT (Känozoikum)	2	Quartär	Talbildung bis zum heutigen Landschaftsbild
		Tertiär	Fluß- und See-Ablagerungen im Hunsrück bei gleichzeitiger Hochflächenbildung Meeresablagerungen am Hunsrücksüdrand Kurzzeitige Meeresüberflutung des Hunsrücks
	65		
ERDMITTEL-ALTER (Mesozoikum)	140	Kreide	
		Jura	Hunsrück bleibt während des Erdmittelalters Abtragungsgebiet
	195		
		Trias	
	225		
		Perm	Vulkanismus im Nahe-Hunsrück-Raum Schuttmassen des Hunsrücks werden im Nahe-Becken abgelagert
	285		
		Karbon	Varistische Faltung Sedimentation von Kalken und Tonschiefern im Unterkarbon
	350		
ERDALTERTUM (Paläozoikum)		Devon	Ablagerung von Taunusquarzit, Hunsrückschiefer und Stromberger Kalk (u. a.)
	405		
		Silur	
	440		Metamorphose führt zur Entstehung der Gneise
		Ordovizium	
	500		
		Kambrium	
	570		
ERDFRÜHZEIT	1000	Präkambrium	Ablagerung der Ausgangsgesteine der Gneise

Eine Milliarde Jahre Erdgeschichte

Geologisch müssen im Hunsrück-Nahe-Raum drei Gebiete klar getrennt werden (vgl. auch geologische Karte S. 17):
1. der varistisch entstandene Hunsrück,
2. das permokarbone Saar-Nahe-Becken,
3. das Mainzer Becken mit seinen Tertiär-Sedimenten.

Der Hunsrück im geologischen Sinn weist nur Gesteine auf, die während der varistischen Faltung im Unterkarbon durch seitlichen Druck in ihrer Mineralzusammensetzung und Festigkeit verändert worden sind.
Dagegen stellen die permokarbonen Serien der Saar-Nahe-Senke den Abtragungsschutt des varistischen Gebirges dar.
Im Mainzer Becken interessieren vor allem die Tertiär-Ablagerungen, die sich im Zuge der Entstehung des Oberrheingrabens bildeten. Die Ausläufer dieses Tertiär-Meeres reichten im Westen bis über Bad Kreuznach hinaus.

Vordevon

Die Erdgeschichte des Hunsrücks läßt sich bis in die Erdfrühzeit zurückverfolgen. In dieser Epoche wurden Sande, Tone, Mergel und möglicherweise sogar vulkanische Gesteine in einem Meeresbecken abgelagert. Aus diesen präkambrischen Ablagerungen entstanden Gneise, wie sie uns bei Wartenstein, Schweppenhausen und Griebelschied begegnen. Sie lassen sich besonders gut am Schloß Wartenstein studieren. Es sind Paragneise mit Amphiboliten. Die Vorkommen reihen sich am Südrand des Hunsrücks im geologischen Sinn wie eine Perlenkette auf. Die umgebenden devonischen Gesteine grenzen mit Störungen an diese Gneise.
Gebildet wurden diese metamorphen Gesteine wohl im Ordovizium oder Silur unter hohen Temperaturen und starkem Druck. Damit aus Sedimenten Gneis wird, sind rund 700 °C und mindestens 3 kbar nötig. Diese Werte zeigen eine Bildungstiefe von mehr als 10 km an. Dieser Vorgang fand zur Zeit der kaledonischen Gebirgsbildung statt, als nördlich und westlich des Rheinischen Schiefergebirges (im Bereich von Norwegen, Schottland, Wales, Irland, Ostgrönland und der nordöstlichen Nordamerika) ein Faltengebirge ähnlich den Alpen entstand. Im Gefolge dieser Orogenese bildete sich durch die Kollision zweier Kontinental-Platten ein großes Festland, der Old Red-Kontinent. Er erstreckte sich an der Wende Silur/Devon von ungefähr 20° südlicher Breite bis ca. 20° nördlicher Breite (vgl. Abb. S. 18 unten) und umfaßte sowohl Teile von Nordamerika als auch von Nordeuropa.

Seite 16:
Schiefergrube Herrenberg (Besucherbergwerk) bei Bundenbach.

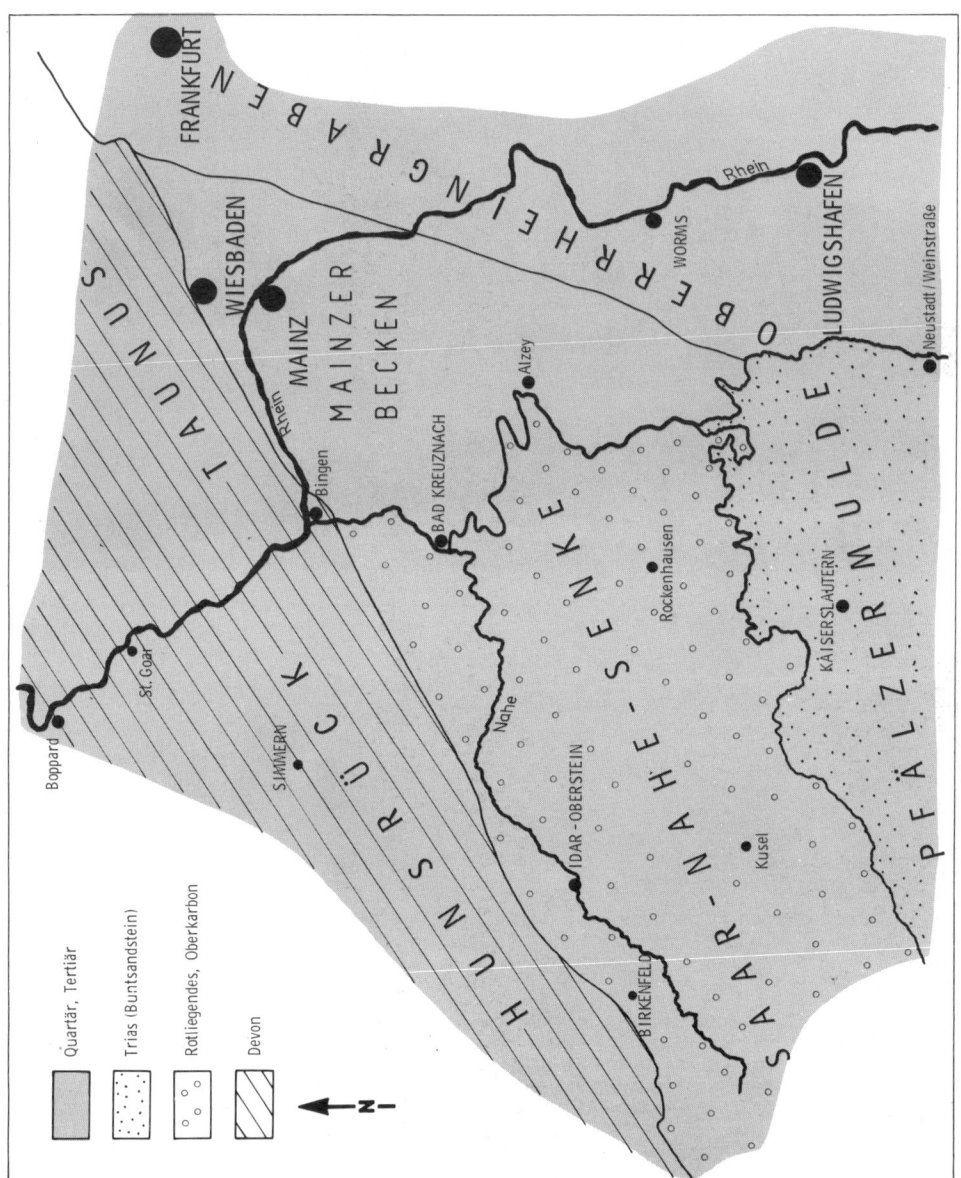

Geologische Einheiten am Südrand des Rheinischen Schiefergebirges.

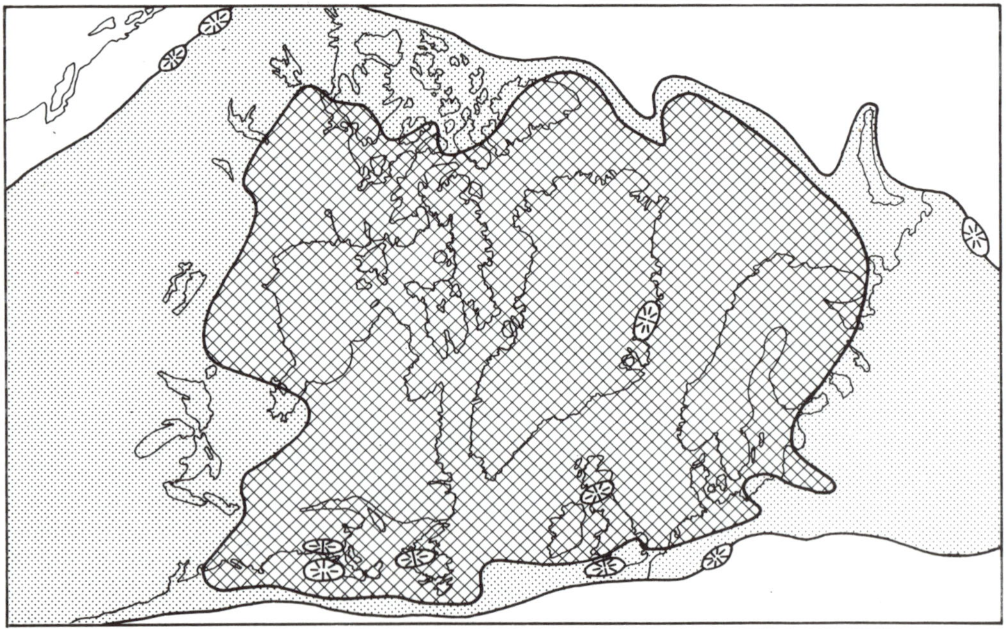

Land		Schelfmeer		Ozean
Vulkane				

Links: Schloß Wartenstein bei Kirn. In der Nähe des Schlosses ist der „Gneis von Wartenstein", das älteste Gestein des Hunsrücks, aufgeschlossen.

Links unten: Der Old Red-Kontinent zur Zeit des frühen Devon mit den Grenzen von Nordamerika, Grönland und Nordeuropa (verändert nach HOUSE 1967). Im Schelfmeer südlich des Festlands ist die Lage des heutigen Hunsrücks zu denken (beim „südöstlichen Vulkan") (aus McKERROW, Palökologie, Stuttgart 1981).

Devon

Die Abtragung des kaledonischen Gebirges ließ im Unterdevon auf dem Old Red-Kontinent, also auf dem Festland, bei einem ariden bis semiariden Klima mehrere 1000 m mächtige Sedimente mit vorwiegend roten Konglomeraten, Sandsteinen und Schiefern entstehen, die meist in Sedimentationszyklen (Cyclothemen) abgelagert worden sind. So kann man besonders gut in England und Schottland Fluß-, See- und Sumpfsedimente mit den dazugehörigen Fossilien unterscheiden. In den Seen und Flüssen lebten Panzerfische, die gelegentlich bei schichtflutartig verlaufenden Unwettern verdriftet wurden. Es gab austrocknende Restseen, die wahrscheinlich auch einen höheren Salzgehalt aufwiesen. In ihnen starben die Tiere bei reduzierenden Bedingungen, d. h. Sauerstoffmangel, und wurden von überlagernden Ton- und Sandmassen konserviert. Die Schuttmassen des kaledonischen Gebirges reichen bis in den „Rheinischen Trog" zwischen den heutigen Städten Aachen und Frankfurt. Er nahm auch den Schutt eines Abtragungsgebietes auf, das im Bereich des heutigen Hunsrück-Südrandes lag, von dem im Unterdevon aber nur ein geringer Anteil des Sedimentmaterials kam.

In die entstehende Geosynklinale drang mit Beginn des Devon von Westen, aus der Gegend von Dinant, das Meer ein. In ihm wurden die Schuttmassen vom Old Red-Kontinent im Norden und von der Schwelle im Süden, die den „Rheinischen Trog" vom offenen Meer trennte, sedimentiert. Die Panzerfische in den Sandsteinen und Schiefern des Gedinne (Funde im Hohen Venn und im Taunus) sprechen für ähnliche Verhältnisse, wie man sie aus gleichzeitigen Ablagerungen in England schließt. Im Hohen Venn erscheinen die Fossilien in Ablagerungen, die ein sehr flaches, sumpfartiges Meer andeuten. Die Tiere sind aus ihrem Lebensraum, Flüssen, bei großen Überflutungen eingeschwemmt worden. Das kaledonische Gebirge im Norden hob sich im Siegen und Unterems stärker. Deshalb wurden die Schuttmassen auch weiter nach Süden, bis zur Mosel, transportiert. Gleichzeitig tiefte sich das rheinische Becken zwischen Hohem Venn und der Nahe unter der Last der abgelagerten Sedimente ein. Infolge der Absenkung drang das Meer weiter nach Norden vor. Einen solchen Vorgang bezeichnet man als Transgression. Im gleichen Zeitraum schob sich von Norden her ein Delta nach Süden vor, dem sich im Bereich der Mosel und südlich davon Bekkensedimente anschlossen.

Im Hunsrück werden die ältesten devonischen Schichten von den **Bunten Schiefern** (vergleichbar den Schiefern von Oignies in den Ardennen) gebildet. Aufgrund ihrer charakteristisch violetten und apfelgrünen Farbe können sie in der Regel sofort, d. h. auch ohne mikroskopische Untersuchung, als dem Gedinne zugehörig erkannt werden. Zur Zeit ihrer Ablagerung war der „Rheinische Trog" und damit auch dessen Teilgebiet Hunsrück eine große Wanne, in die von Norden, Osten und Süden neben Ton, aus dem die charakteristi-

KARBON	Visé		Grube Korb:		-Conodonten (u.a. Gnathodus sp., Polygnathus sp.)
	Tournai	? Alaunschiefer Kieselschiefer Tonschiefer	Tonschiefer mit Kalken Tuffe		
DEVON Oberes	VI V IV III II I	Alaunschiefer, Kieselschiefer saure Vulkanite, Roteisensteine Kalkknollenschiefer Kalke, Dolomite Tonschiefer Grauwacken, Quarzite	vorwiegend Kalke		-Conodonten (u.a. Palmatolepis sp.)
Mittleres	Givet	**Stromberger Kalk**	Tonschiefer mit Kalken	Baryt	-Conodonten (u.a. Polygnathus sp.)
	Eifel	? Grünschiefer Schalstein, Kieselschiefer Rotschiefer	Tonschiefer Kalke		-Brachiopoden (Zdimir rhenanus) -Korallen -Conodonten (u.a. Polygnathus sp.)
	Ems	Kieselgallenschiefer Tonschiefer, Kalke **Hunrückschiefer i.w. S.** Kalke Porphyroide, Diabase	Roteisenstein		-Brachiopoden ("Spiriferen") -Tentaculiten (Nowakia sp.) -Goniatiten (u.a. Anetoceras sp.) -Brachiopoden (u.a. Euryspirifer assimilis)
Unteres	Siegen	**Taunusquarzit**			-Brachiopoden (u.a. Acrospirifer primaevus)
		Hermeskeil - Schichten			-Brachiopoden (Rhenorensselaeria crassicosta)
	Gedinne	**Bunte Schiefer** ? ? ?			
VORDEVON		**Gneise** von Wartenstein, Mörschied und Schweppenhausen			

Stratigraphische Gliederung von Vordevon, Devon und Unterkarbon des Hunsrücks (nach KUTSCHER, NÖRING, D. E. MEYER und KNEIDL). Die Einstufungen im Abbau der Grube Korb bei Eisen erfolgen nach G. MÜLLER. Das Alter des Baryts ist noch nicht exakt bestimmt. Ergänzt wird die Tabelle durch die Angabe von Leitfossilien für verschiedene Schichten.

schen Bunten Schiefer entstanden, Grobschutt (heute vorliegend als Konglomerate, Sandsteine, Quarzite) angeliefert wurden. Während des Gedinne grenzten diese Schuttsedimente direkt an marine Ablagerungen in einer Rinne, die sich infolge der fortschreitenden Beckenabsenkung allmählich von Südwesten nach Nordosten in Richtung Bonn vorschob. Wir finden das Gedinne heute im Kern der vom Rhein tief erodierten Sättel bei Trechtingshausen und im Idarwaldsattel. Fossilien sind aus dieser Folge im Hunsrück bisher nicht bekannt.

Die **Hermeskeil-Schichten**, benannt nach ihrem bevorzugten Vorkommen im Raum Hermeskeil (Idarwaldsattel), findet man als nächsthöhere Serie immer mit den Bunten Schiefern zusammen. Die Hermeskeil-Schichten entwickeln sich aus den Bunten Schiefern durch Zunahme der sandigen Einschaltungen. In brackischem bis marinem Milieu entstanden, bestehen die Sedimente aus grünlichen bis braunen Arkosen, Sandsteinen sowie grünen, blauen und grauen Tonschiefern. Neben den Brachiopoden *Acrospirifer primaevus, ?Camarotoechia sp., Hysterolites cf. hystericus* und

Taunusquarzit-Steinbruch Henau bei Gemünden. Der Taunusquarzit des Soonwaldes setzt sich im Höhenzug des Lützelsoons (im Hintergrund) fort.

Taunusquarzit-Sattel an der Straße zwischen Herrstein und Asbacherhütte.

in einem Flachmeer mit starkem Wellengang abgelagert. Als sehr sauberer Sand mit einem Quarzgehalt von 90–95% muß er einen nahezu idealen devonischen Badestrand gebildet haben. Ähnliche Sedimentationsbedingungen dürften heute an der Nordseeküste oder auch an der belgischen Küste herrschen; nur lag damals der Ablagerungsraum nahe am Äquator. Die Quarzitbänke sind bis zu 6 Meter mächtig und wurden in dieser Schichtdicke auf einmal sedimentiert! Daß es dazu gewaltiger Stürme bedurfte, dürfte unbestritten sein. Sie schwemmten auch linsenartig Fossilien zusammen. Man kann deshalb einer Schicht von Linse zu Linse folgen. Auffällig ist, daß in der über 150 Arten umfassenden Fauna die Brachiopoden überwiegen. Sie treten mit dem Taunusquarzit schlagartig auf, was nicht nur auf eine marine Fazies, sondern auch auf eine hohe Wasserenergie in einem Flachmeer hinweist. Flachwasser zeigt auch die Trilobitengattung *Homalonotus* an. Die Fische sprechen für Landnähe, und die Korallen deuten vor allem sauberes, nicht zu tiefes Wasser an. Tentakuliten, Korallen, Schnecken, Brachiopoden und Trilobiten beweisen, daß eine Verbindung zu einem Ozean bestand. Leitfossilien sind *Acrospirifer primaevus, Rhenorensselaeria crassicosta* und *Rhenorensselaeria strigiceps.*

Rhenorensselaeria crassicosta fanden sich darin bisher unbestimmbare Fischreste, Muscheln und Brachiopoden.
Diese geringmächtige Serie überlagert schwer verwitterbarer **Taunusquarzit**, der im südlichen Hunsrück in Form markanter Höhenzüge (Idarwald, Soonwald, Lützelsoon) das Relief bestimmt. Er bildet das „Rückgrat" des Hunsrücks. Der Taunusquarzit wurde ursprünglich

Rechts oben: *Acrospirifer primaevus* (STEININGER), Taunusquarzit, Teufelsfels östlich Bruschied; Breite 5 cm (Slg. Karl-Geib-Museum Bad Kreuznach).

Mitte: *Boucotstrophia herculea* (DREVERMANN) (Breite 9 cm), *Platyorthis circularis* (SOWERBY) (halblinks oben); Taunusquarzit südlich Bruschied (Slg. Karl-Geib-Museum Bad Kreuznach).

Unten: *Pleurodictyum problematicum* (GOLDFUSS) Durchmesser 4 cm, Taunusquarzit südlich Bruschied (Slg. Busch, Freiburg).

Fossilliste Taunusquarzit

Begleitfauna: Mikrofossilien (Ostrakoden), Trilobiten, Crinoidenstielglieder, Fischreste, Lebensspuren (Chondriten).
Begleitflora: *Prototaxites sp.*

Tiere

Korallen (Anthozoa)
Dendrozoum rhenanum
Favosites polymorpha
Favosites sp.
Pleurodictyum problematicum
Pleurodictyum sp.

Armfüßer (Brachiopoda)
Acrospirifer primaevus („Spirifer")
Athyris undata
Boucotstrophia herculea
Camarotoechia daleidensis
Chonetes plebejus
Chonetes sarcinulatus
Chonetes semiradiatus
Chonetes sp.
Cryptonella minor
Dalmanella circularis
Dalmanella taunica
Eodevonaria dilatata
Hysterolites excavatus („Spirifer")
Hysterolites hystericus („Spirifer")
Hysterolites prohystericus („Spirifer")
Meganteris aff. archiaci
Meganteris drevermanni
Meganteris ovata
Orthis sp.
Orthothetes ingens
Platyorthis circularis
Proschizophoria personata
Retzia sp.
Rhenorensselaeria demerathia
Rhenorensselaeria crassicosta
Rhenorensselaeria strigiceps
Rhenorensselaeria propinqua
„Rhynchonella" cf. *dunensis*

„Stropheodonta" gigas
„Stropheodonta" murchisoni
„Stropheodonta" sedgwicki
Trigeria carinatella
Trigeria guerangeri
Tropidoleptus carinatus
Tropidoleptus laticosta
Tropidoleptus rhenanus

Schnecken (Gastropoda)
„Bellerophon" trilobatus
Bellerophon sp.
Bucanella acuta
Bucanella regia
Bucanella cf. regia
Bucanella tumida
Bucanella sp.
Platyceras sp.
Pleurotomaria sp.

Muscheln (Lamellibranchiata)
Actinodesma lamellosum
Actinodesma obsoletum
Avicula lamellosa
Avicula longialata
Avicula sp.
Ctenodonta candida
Ctenodonta hercynica
Ctenodonta sp.
Cypricardella acuminata
Cypricardella bicostula
Cypricardella elegans
Cypricardella elongata
Cypricardella subrectangularis
Cypricardella sp.
Goniophora applanata
Goniophora cornu copiae
Goniophora excavata
Goniophora trapezoidalis
Grammysia hamiltonensis
Grammysia cf. inaequalis
Kochia capuliformis
Modiomorpha carinata
Modiomorpha praecedens

Modiomorpha sp. aff. elevata
Myalina crassitesta
Myalina sp. aff. bilsteinensis
Myophoria circularis ssp.
Myophoria sp.
Nuculites ellipticus
Nuculites intermedius
Nuculites persulcatus
Nuculites sp.
Palaeoneilo kayseri
Palaeoneilo maureri ssp.
Palaeoneilo prisca
Palaeoneilo sp.
Prosocoelus pes anseris
Pterinea costata
Pterinea erecta
Pterinea lineata
Pterinea paillettei
Pterinea sp.
Rousseauia pseudocapuliformis

Tentakuliten (Tentaculitida)
Tentaculites grandis
Tentaculites scalaris
Tentaculites schlotheimi
Tentaculites straeleni

Würmer (Polychaeta)
Serpulites sp.
Spirorbis sp.

Trilobiten (Trilobita)
Asteropyge sp.
Homalonotus gigas
Homalonotus roemeri
Homalonotus sp.

Seelilien (Crinoidea)
Gastrocrinus drevermanni

Fische (Pisces)
Machaeracanthus kayseri
Pterichthys sp.
?Taunaspis eurysthetes

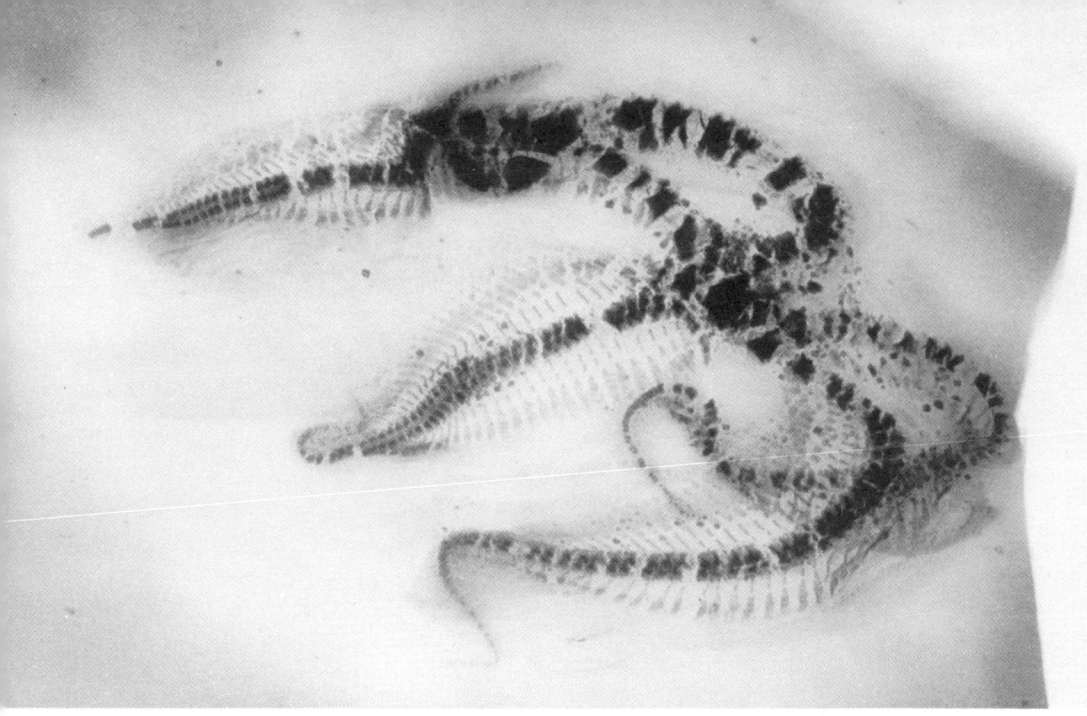

?*Loriolaster mirabilis* STÜRTZ (Armlänge 6–9 cm), eine häufige Schlangenstern-Art aus dem Hunsrückschiefer von Bundenbach. Das Exemplar zeigt „beginnende Kippstellung" mit eingeregelten Armen. Die Strömung hat zwei Arme über die im Röntgenbild schlecht sichtbare Körperscheibe umgekippt. Röntgenaufnahme (Rö), ×1 (Slg. Hans Theis, Bundenbach).

Der **Hunsrückschiefer** besteht, wie der Name sagt, zu einem hohen Prozentsatz aus Tonschiefer und damit ursprünglich aus Ton. Er ist hauptsächlich als Resttrübe des Abtragungsmaterials vom Old Red-Kontinent und nur untergeordnet von einer Schwelle im Süden (nicht die Mitteldeutsche Schwelle, die sich erst später bildete) aufzufassen. Die gleichaltrigen, näher am Festland gelegenen Sedimente an der Mosel und in der Eifel (wie auch die am Mittelrhein) besitzen einen größeren Anteil sandiger Einschaltungen.

Der Hunsrückschiefer geht unter allmählicher Zunahme von dunklem Tonschiefer aus dem Taunusquarzit hervor. Gleichzeitig mit der Verschiebung des Beckens nach Süden bzw. Südosten findet eine Eintiefung statt, was sich auch in den ruhigen Ablagerungsbedingungen des feinen Tonschlamms zeigt. Nur untergeordnet lassen sich Quarzite als ehemalige Sandablagerungen („Sturmsedimente") nachweisen.

Der Ablagerungsraum des Hunsrückschiefers, ein Flachmeer, liegt in der rheinischen Geosynklinale gerade an der Grenze zweier Faziesbereiche, der Rheinischen und Herzynischen Fazies. Beide unterscheiden sich in den Gesteinsarten und den Fossilien. Der im allgemeinen gröberen Rheinischen Fazies mit Konglomeraten, Sandsteinen, Quarziten und sandigen Schiefern steht die feinkörnigere Herzynische Fazies mit meist reinen Tonschie-

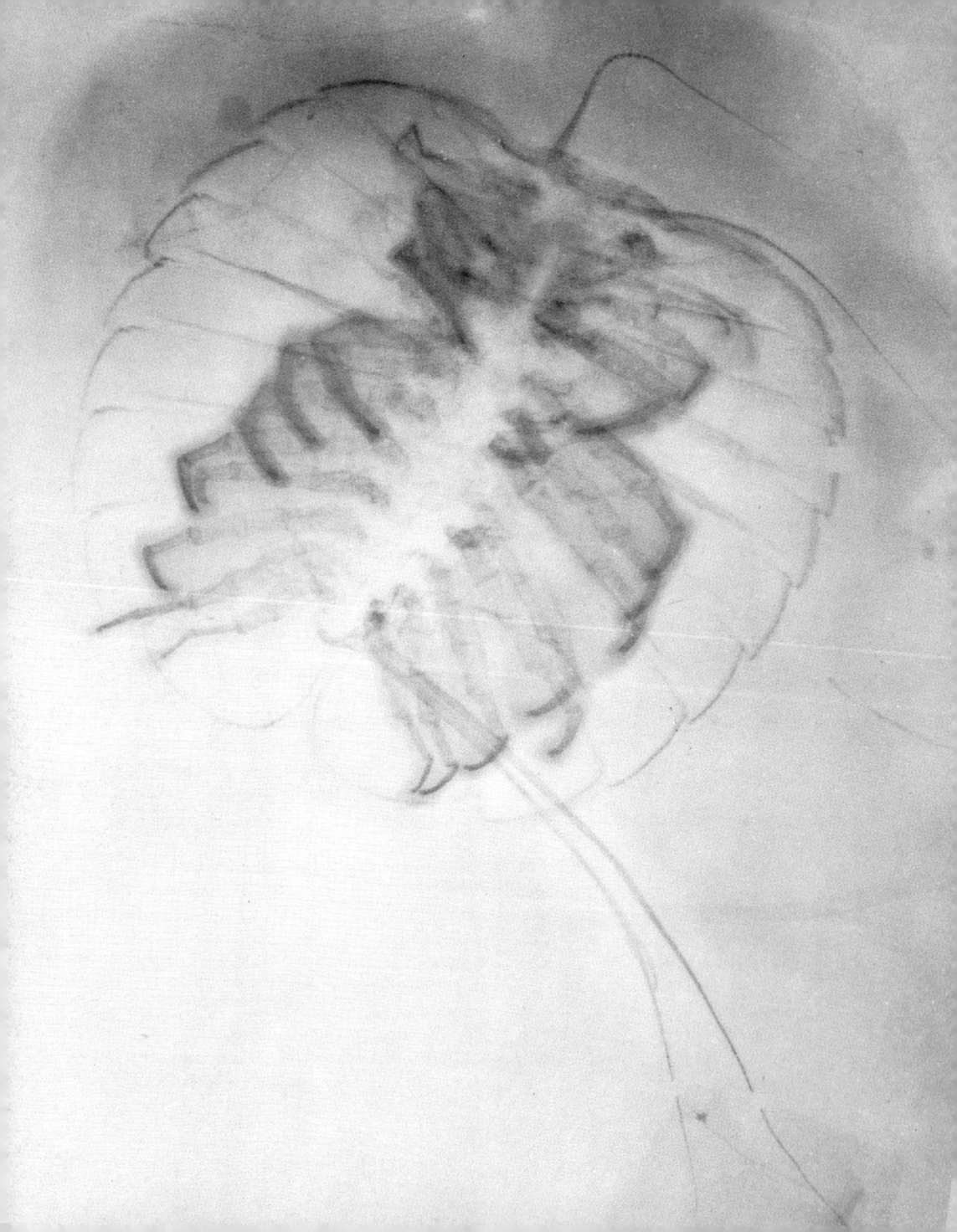

Links: *Cheloniellon calmani* BROILI, eine seltene Arthropodenart aus dem Hunsrückschiefer von Bundenbach. Rö, ×1 (Slg. Karl-Geib-Museum Bad Kreuznach).

Unten links: *Nahecaris stürtzi* JAEKEL, eine „Krabbe" aus dem Hunsrückschiefer von Bundenbach. Länge 13 cm; Rö, ×0,75 (Slg. Karl-Geib-Museum Bad Kreuznach).

Unten rechts: *Nahecaris stürtzi* JAEKEL, Oberflächenaufnahme.

fern und Kalken gegenüber. Der Hunsrückschiefer weist keine Konglomerate und nur untergeordnet Kalke auf. „Rheinische" Fossilarten (u. a. gerippte Brachiopoden wie Spiriferen) treten seltener auf; es überwiegen die für die Herzynische Fazies typischen Gruppen wie Nautiloideen und Goniatiten. Leitfossilien, d. h. besonders wichtig für die Altersbestimmung der Schichtglieder, sind Goniatiten, Nowakiiden (Tentakuliten), Spiriferen sowie Pflanzensporen als Mikrofossilien. Die übrigen Versteinerungen haben eine größere stratigraphische Reichweite. Mit ihnen lassen sich die Ablagerungen deshalb nicht so exakt zeitlich einstufen.

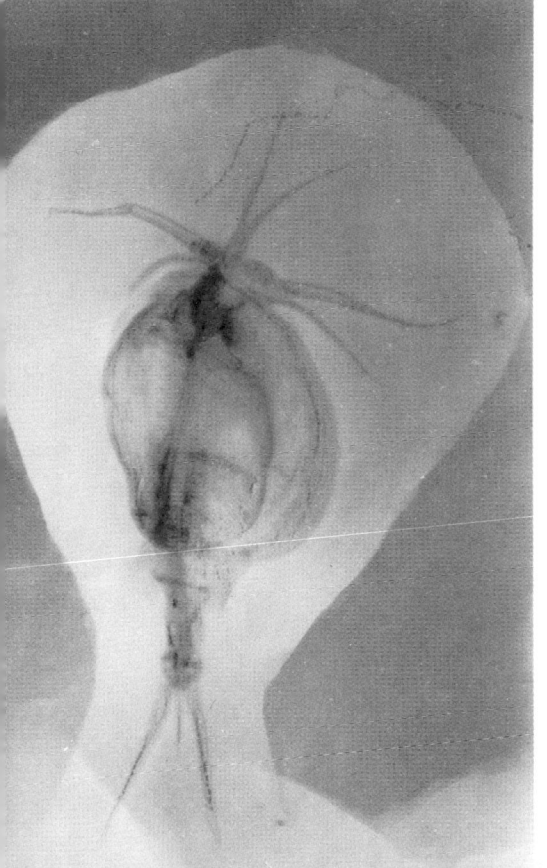
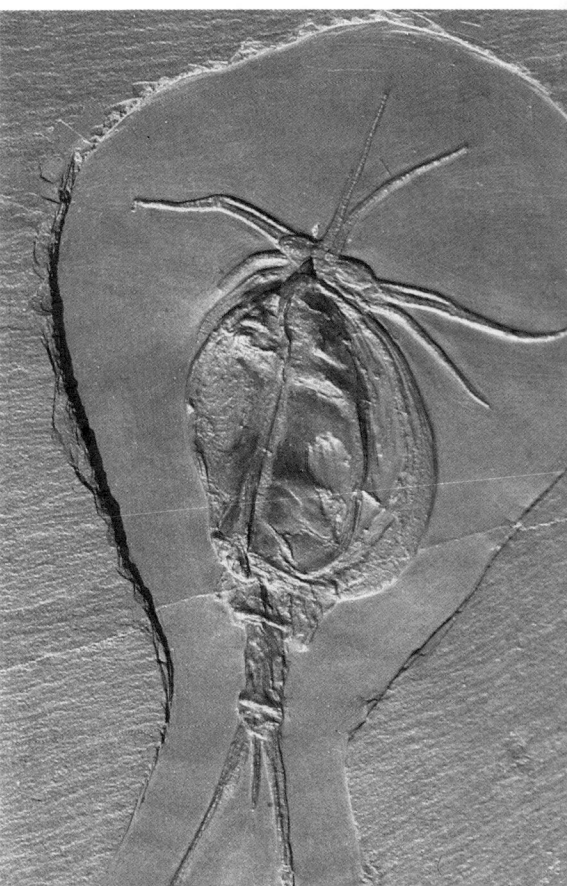

Fossilliste Hunsrückschiefer

Begleitfauna: Schwämme, Hydromedusen, Rippenquallen (u. a. *Paleonectophora brasseli*), Bryozoen, Homalozoen (Stachelhäuter), Lebensspuren.
Begleitflora: Mikroflora (Sporen, Acritarchen).

Pflanzen

Thallophyta
Prototaxites loganii

Pteridophyta
Drepanophycus sp.
Hostimella sp.
Maucheria gemündensis
Psilophyton sp.
Taeniocrada dubia
Taeniocrada sp.
cf. *Trimerophyton*

Tiere

Conularien (Conularida)
Conularia bundenbachia
Conularia gemündina
Conularia tulipina
Conularia sp.

Korallen (Anthozoa)
Pleurodictyum problematicum
„*Rhipidophyllum*" *vulgare*
„*Zaphrentis*" *sp.*

Armfüßer (Brachiopoda)
Arduspirifer arduennensis antecedens
Arduspirifer arduennensis prolatestriatus
Atrypa lorana
Brachyspirifer explanatus
Chonetes plebejus
Chonetes sarcinulatus
Chonetes semiradiatus
Euryspirifer assimilis
Rhenorensselaeria demerathia
„*Subcuspidella*" *incerta*

Schnecken (Gastropoda)
Bellerophon sp.
Loxonema obliquearcuatum
Platyceras sp.
Pleurotomaria striata

Muscheln (Lamellibranchiata)
Avicula lamellosa
Avicula sp.
Aviculopecten sp.
Buchiola bicarinata
Buchiola reliqua
Buchiola sp.
Ctenodonta aff. insignis
Ctenodonta gemündensis
Ctenodonta cf. subcontracta
Cypricardella sp.
Leiopteria crenato-lamellosa
Pterinea lineata
Pterinea cf. expansa
cf. *Pterinea erecta*
Puella elegantissima
Puella grebei
Puella cf. rigida

Kopffüßer (Cephalopoda)
Nautiloidea („Orthoceren")
Orthoceras digitale
Orthoceras percylindricum
Orthoceras planicanaliculatum
Orthoceras tenuilineatum
Orthoceras sp.
Phragmoceras incertum
Phragmoceras subsulcatum

Goniatiten (Ammonoidea)
Anetoceras arduennense
Anetoceras hunsrückianum
Anetoceras aff. hunsrückianum
Anetoceras recticostatum
Cyrtobactrites? sp.
Erbenoceras sp.
Gyroceratites ?laevis
Mimosphinctes sp.
Mimagoniatites falcistria
Teicherticeras primigenitum

Tentakuliten (Dacryoconarida)
Nowakia barrandei
Nowakia praecursor
Nowakia aff. praecursor
Nowakia sp. aff. zlichovensis
Viriatellina fuchsi

Gliederfüßer (Arthropoda)

Xiphosura
Weinbergina opitzi

Eurypterida
Rhenopterus diensti

Arachnida
Palaeoscorpius devonicus

Palaeopantopoda
Palaeoisopus problematicus
Palaeopantopus maucheri
Palaeothea devonica

Trilobiten (Trilobita)
Asteropyge sp.
Burmeisterella aculeata
Cornuproetus hunsrückianus
Dipleura ?aff. laevicauda
Homalonotus sp.
Odontochile rhenanus
Parahomalonotus planus
Phacops ferdinandi
Rhenops limbatus
Scutellum wysogorskii
Treveropyge? drevermanni

Trilobitomorpha
Cheloniellon calmani
Mimetaster hexagonalis
Vachonisia rogeri

Phyllocarida („Krabben")
Heroldina rhenana
Nahecaris balssi
Nahecaris stürtzi

Stachelhäuter (Echinodermata)

Beutelstrahler (Cystoidea)
Regulaecystis pleurocystoides

Knospenstrahler (Blastoidea)
Pentremitella osoleae
Pentremitidea medusa

Seelilien (Crinoidea)

Monocyclica
Arthroacantha? claviger
Calycanthocrinus decadactylus lata
Calycanthocrinus decadactylus ssp.
Ctenocrinus malcontractus
Culicocrinus spinatus
Hapalocrinus elegans
Hapalocrinus frechi imbellis
Hapalocrinus frechi nimisfurcata
Hapalocrinus frechi rarefurcata
Hapalocrinus frechi ssp.
Hapalocrinus innoxius
Hapalocrinus penniger
Hapalocrinus rauffi
Hexacrinus inhospitalis
Senariocrinus maucheri
Thallocrinus acifer
Thallocrinus hauchecornei
Thallocrinus procerus
Thallocrinus rugosus
Triacrinus elongatus
Triacrinus koenigswaldi
Triacrinus kutscheri

Dicyclica
Acanthocrinus heroldi
Acanthocrinus lingenbachensis
Acanthocrinus rex
Antihomocrinus armatus
Bactrocrinus jaekeli
Bactrocrinus ?trabicus
Codiacrinus schultzei
Diamenocrinus opitzi
Diamenocrinus stellatus

Dicirrocrinus comtus
Dictenocrinus ericius
Dictenocrinus hystrix
Dictenocrinus semipinnulatus
Dictenocrinus spaciosus
Eutaxocrinus prognatus
Eutaxocrinus sincerus
Eutaxocrinus sp.
Follicrinus grebei
Follicrinus kayseri
Gastrocrinus eupelmatus
Gastrocrinus giganteus
Gissocrinus vertebrachialis
Imitatocrinus gracilior
Iteacrinus nanus
Iteacrinus dactylus
Lasiocrinus subramulosus
Macarocrinus semelfurcatus
Macarocrinus springeri
Macarocrinus terfurcatus
Parisangulocrinus cucumis
Parisangulocrinus furcaxialis
Parisangulocrinus minax
Parisangulocrinus schmidti
Parisangulocrinus zeaeformis
Propoteriocrinus scopae
Pterinocrinus diensti
Pterinocrinus ehrlicheri
Rhenocrinus ramosissimus
Rhenocrinus lobatus
Taxocrinus stürtzii sp.

Stacheltiere (Echinozoa)

Seeigel (Echinoidea)
Porechinus porosus
Pyrgocystis coronaeformis
Pyrgocystis octogona
Rhenechinus hopstätteri

Seegurken (Holothuroidea)
Palaeocucumaria hunsrückiana

Sterntiere (Asterozoa)

Schlangensterne (Ophiuroidea)
Bundenbachia beneckei
Cheiropteraster giganteus
Encrinaster laevidiscus
Encrinaster roemeri
Eospondylus primigenius
Eospondylus primigenius compactus
Erinaceaster giganteus
Erinaceaster spinosissimus
Erinaceaster tenuispinosus
Euzonosoma tischbeiniana
Furcaster decheni
Furcaster paleozoicus
Furcaster zitteli
Hymenosoma opitzi
Kentrospondylus decadactylus
Loriolaster gracilis
Loriolaster mirabilis
Mastigophiura grandis
Miospondylus rhenanus
Ophiurina lymani
Palaeophiomyxa grandis
Palaeophiura simplex

Seesterne (Asteroidea)
Archasterina cornuta
Baliactis devonicus
Baliactis scutatus
Baliactis tuberatus
Echinasterella sladeni
Eostella hunsrückiana
Helianthaster rhenanus microdiscus
Helianthaster rhenanus
Hunsrückaster peregrinus
Hystrigaster horridus
Jaekelaster petaliformis
Kyraster inermis
Leioactis hunsrückianus
Medusaster rhenanus
Palaeactis lanceolatus

Palaenectria devonica
Palaeosolaster gregoryi
Palaeostella solida
Palasterina follmanni
Palasterina marginata
Palasterina maucheri
Palasterina taenibrachiata
Palasterina tilmanni
Palasteriscus devonicus
Protasteracanthion primus
Schlüteraster schlüteri
Urasterella asperula
Urasterella verruculosa

Wirbeltiere (Vertebrata)

Kieferlose (Agnatha)
Drepanaspis gemündensis
Pteraspis smithwoodwardi
Pteraspis dunensis

Kiefermünder (Gnathostomata)

Arthrodira
?Brachythoraci gen. et sp. indet.
Gemündenaspis angusta
Hunsrückia problematica
Lunaspis broilii
Lunaspis heroldi
Machaeracanthus sp.
Stürtzaspis germanica
Tityosteus rieversi

Rhenanida
Gemündina stürtzi
Nessariostoma granulosum
Paraplesiobatis heinrichsi
Pseudopetalichthys problematicus
Stensiöella heintzi

Lungenfische (Dipnoi)
Dipnorhynchus lehmanni

Bekannt geworden ist der Hunsrückschiefer vor allem durch die in den Dachschiefer eingeschalteten Fossilhorizonte. Die Fossilien sind z.T. mit allen Feinheiten erhalten, sogar Weichteile wie z.B. Magen oder Darm, die einzelnen Facetten der Augen von Trilobiten, ja sogar die „Stielaugen" von *Mimetaster*. Ans Licht kommen diese kleinsten Details durch Röntgenstrahlen. Insgesamt hat man im Hunsrückschiefer bisher ca. 300 Pflanzen und Tierarten bestimmt. KUTSCHER listete 1931 nur 204 auf. Das bedeutet eine Steigerung um fast 50% in etwa 50 Jahren; und man wird wohl auch in den nächsten Jahren noch manche neue Form erwarten dürfen.

Charakteristisch für den Hunsrückschiefer ist sein hoher Gehalt an Pyrit, der sich an der Luft zu Eisenoxid umsetzen kann und den Schiefer bräunlich verfärbt. Beim Dachschiefer dauert diese Umsetzung ca. 100 Jahre und länger. Beim normalen Schiefer tritt der Zerfall bereits nach wenigen Jahren ein. Wie schnell das Gestein zerfällt, hängt im wesentlichen von der Größe und Menge des Pyrits ab. Aus dem Auftreten des Pyrits im Schiefer ist zu schließen, daß zur Zeit der Ablagerung im Meeresboden Schwefelwasserstoff vorhanden war. Er bildete mit Eisen aus dem Meerwasser bzw. aus anderen „Stoffen" das Eisenbisulfid Pyrit:

$$H_2S + „S" + Fe^{++} \rightarrow FeS_2 + 2\,H^+$$

Vulkanische Horizonte ermöglichen stratigraphische Vergleiche zwischen den Hunsrückschiefervorkommen von Bundenbach über den Rhein hinweg bis an die Lahn. Eine solche Tufflage tritt bei Bundenbach (Grube Eschenbach bis Grube Rosengarten) auf. Damit können die Dachschiefer über sehr weite Strecken grob parallelisiert und mit Faunen in das Schichtgebäude eingestuft werden (Singhofen-Stufe des Unterems). Das Alter des gesamten

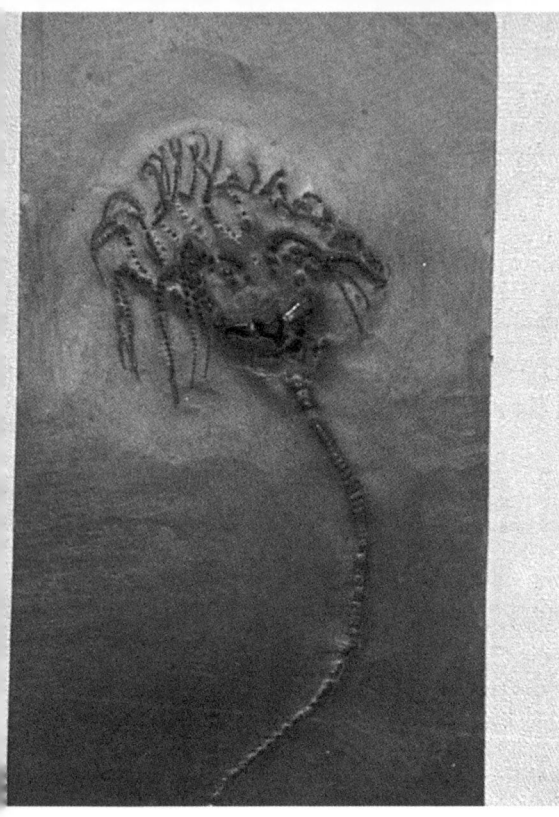

Codiacrinus schultzei FOLLMANN, Hunsrückschiefer, Bundenbach; Länge 14 cm, Oberflächenaufnahme (Privatsammlung).

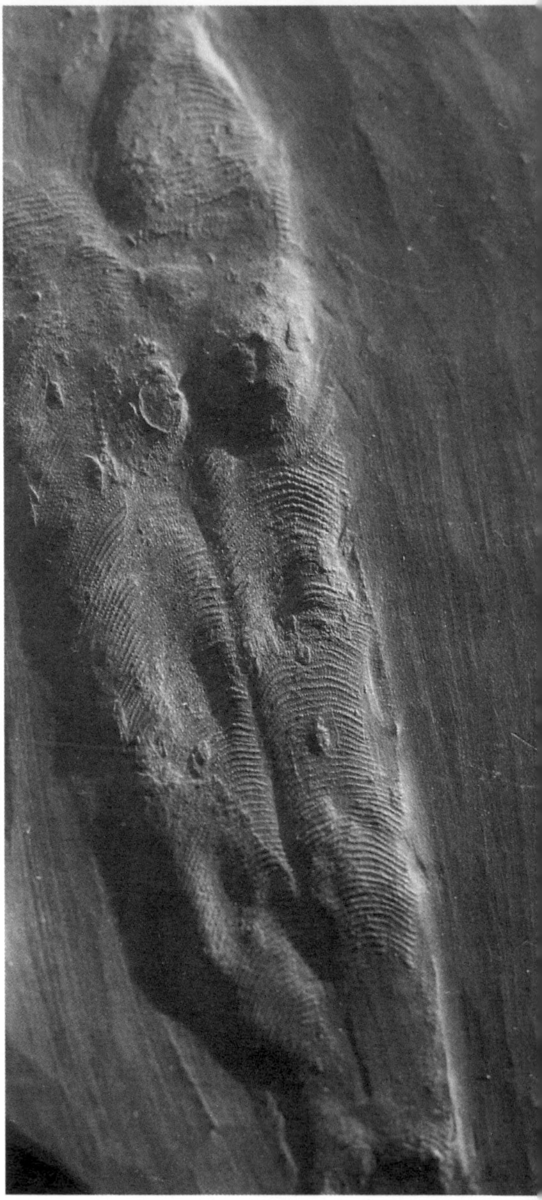

Schieferpaketes im Hunsrück reicht von der Grenze Siegen/Ems bis in das höchste Unterems und wohl noch in das Oberems (ca. 390–380 Millionen Jahre) und besitzt damit eine größere stratigraphische Reichweite als der Dachschiefer von Bundenbach und Gemünden.

Das Hunsrückschieferbecken reichte nach Norden bis über die Mosel hinaus. Sein Zentrum verschob sich im obersten Unterems (**Klerf-Schichten**) weiter nach Süden. So überlagern an der Mittelmosel die sehr mächtigen,

Conularia gemündina R. & E. RICHTER, ein pyramidenförmiges Hohltier aus dem Hunsrückschiefer von Bundenbach. Länge 13 cm, Oberflächenaufnahme (Slg. Kneidl).

roten Klerf-Schichten (vorwiegend Quarzite) die älteren dunklen Tonschiefer, während im zentralen und südlichen Hunsrück die Hunsrückschieferfazies beibehalten bleibt. Die Klerf-Schichten an der Mosel sind in einem Watt südlich eines Deltas, das einen Schwemmfächer des Old Red-Kontinents darstellt, abgelagert worden. Diese Watt-Ablagerungen enthalten eine reiche Flora, ganz im Gegensatz zum zentralen Hunsrück, wo man nur gelegentlich eingeschwemmte Pflanzenreste findet.

Auch während des höheren Ems blieb südlich der Mosel die Hunsrückschieferfazies mit kalkigen und sandigen Einschaltungen bestehen. Im südlichsten Hunsrück bildete sich eine Schwelle heraus. An diese submarine Erhebung war ein Vulkanismus gebunden, der Diabastuffe geliefert hat.

Fossilliste Oberems (südlicher Hunsrück)

Begleitfauna: Bryozoen, Seelilien-Stielglieder, Lebensspuren.

Lahnstein-Laubach-Gruppe

Korallen (Anthozoa)
Favosites sp.
Pleurodictyum problematicum
Pleurodictyum sp.
Zaphrentidae

Armfüßer (Brachiopoda)
Acrospirifer arduennensis arduennensis
Acrospirifer extensus
Athyris globula
Athyris undata
Athyris sp.
Bembexia cf. daleidensis
Brachyspirifer carinatus
Chonetes plebejus
Chonetes sarcinulatus
Chonetes semiradiatus
Eodevonaria bialata
Eodevonaria dilatata
Euryspirifer paradoxus
Isorthis sp.
Meganteris ovata
Oriostoma sp.
Platyorthis circularis
Schellwienella hipponyx
Spirifer unduliferus
Straelenia dunensis
Straelenia sp.
Subcuspidella subcuspidata-Gruppe
Tropidoleptus rhenanus
Uncinulus pila
Uncinulus sp.

Muscheln (Lamellibranchiata)
Anoplotheca venusta
Leptostrophia explanata
Nucula lodanensis
Palaeoneilo cf. aequis

Nautiloidea („Orthoceren")
Orthoceras sp.

Tentakuliten (Tentaculitida)
Tentaculites cf. schlotheimi

Kondel-Gruppe

Armfüßer (Brachiopoda)
Acrospirifer aequicosta
Acrospirifer cf. extensus
Acrospirifer mosellanus-Gruppe
Acrospirifer mosellanus steiningeri?
Acrospirifer pellico-paradoxus-Gruppe

Muscheln (Lamellibranchiata)
Anoplotheca venusta
Aviculopecten sp.
Eodevonaria dilatata
Nucula sp.
?Pteria laevicostata

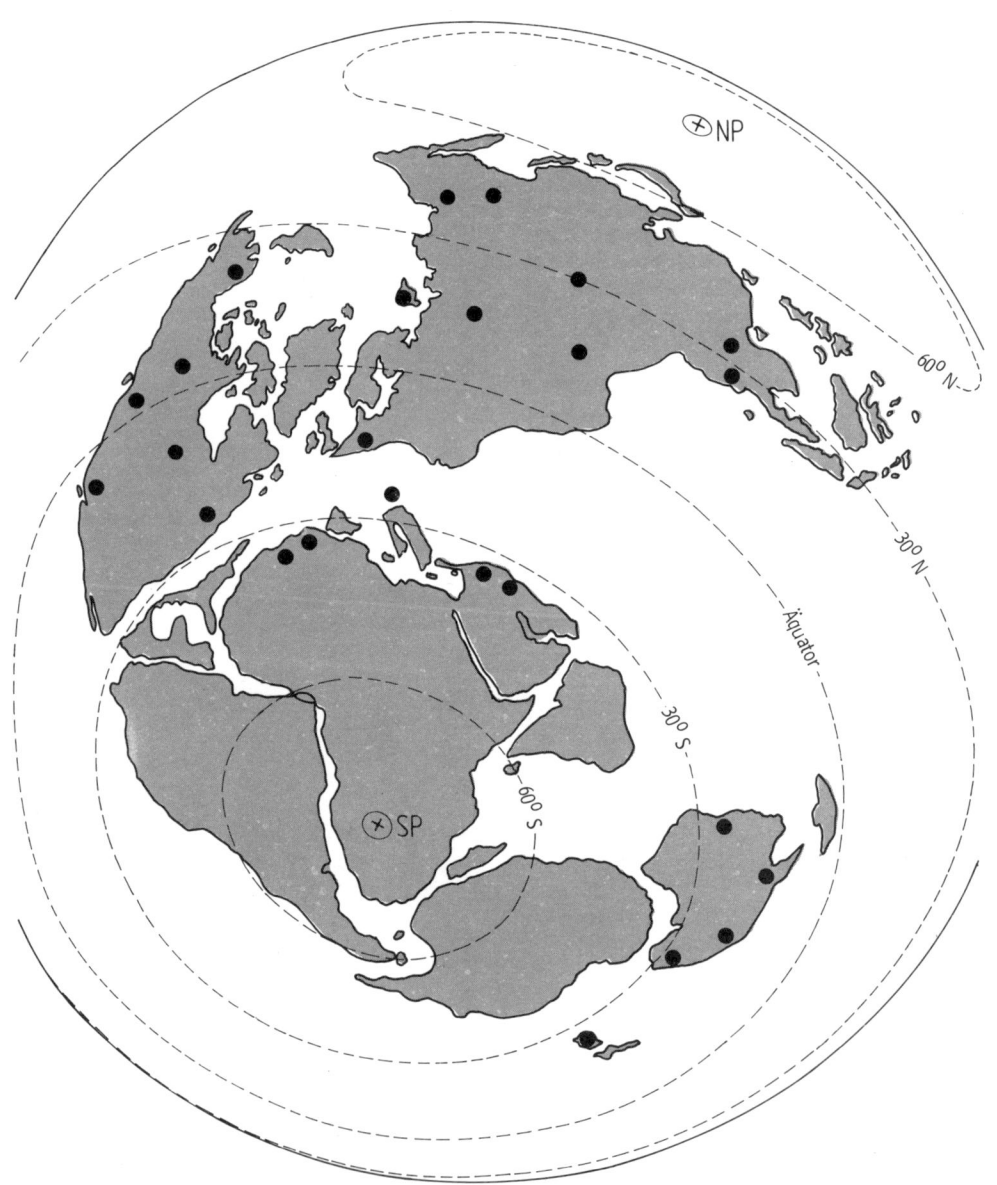

Verteilung der devonischen Riffe (Punkte) in den Grenzen der heutigen Kontinente (verändert nach SEYFERT & SIRKIN 1973 und BIRENHEIDE 1978). Deutlich erscheint die Anordnung der Riffe zwischen 30° nördlicher und 30° südlicher Breite.

Im Mitteldevon baute sich auf dieser Schwelle ein Riff auf (**Stromberger Kalke**). Es ist unter den mittel- bis oberdevonischen Riffen in Europa insofern etwas Besonderes, als nirgends sonst in so hohem Ausmaß Algen am Riffaufbau beteiligt sind. In der ca. 400 m mächtigen Massenkalkfolge, die in mehreren Steinbrüchen aufgeschlossen ist, lassen sich Crinoiden, tabulate und rugose Korallen (tabulate Korallen: *Alveolites sp., Favosites sp., Heliolites sp., Thamnopora sp.*; Durchmesser bis 10 cm), Stromatoporen und großwüchsige Brachiopoden (Pentameriden: *Zdimir rhenanus*) finden. Anfangs siedelten robust gebaute Crinoiden und tabulate Korallen; sie werden später vor allem von Algen und Stromatoporen (den Schwämmen ähnliche Tiergruppe), aber auch von Bryozoen verdrängt. Während die Riffbewohner Flachwasserbedingungen (0–100 m Wassertiefe) anzeigen, kommt man für die in Tonschiefern meist linsenartig auftretenden Beckenkalke, die sich mit Hilfe von Conodonten gliedern lassen, auf eine Ablagerungstiefe von 1000 m. Das Riffwachstum hörte im tiefen

Kalksteinbruch der Rheinisch-Westfälischen Kalkwerke in Stromberg.

Oberdevon plötzlich auf. Gleichzeitig begann die turbiditische Schüttung von Grauwacken. Kalke, Tonschiefer, Alaunschiefer, Grauwacken, sogar Kieselschiefer und saure Eruptivgesteine können bis zum höchsten Oberdevon durch Mikrofossilien (Conodonten) eingestuft werden.

Die Stromburg in Stromberg am Rand des Soonwaldes, die Heimatburg des „Deutschen Michel" Hans Elias Michael von Obentraut.

Fossilliste Mitteldevon/Oberdevon (südlicher Hunsrück)

Mitteldevon

Eifel

Conodonten (Conodonta)
Belodella triangularis
Icriodus nodosus
Polygnathus eiflius
Polygnathus robusticostatus

Korallen (Anthozoa)
Alveolites sp.
Dohmophyllum helianthoides
Favosites sp.
Heliolites porosus
Thamnopora sp.
Zaphrentis sp.

Armfüßer (Brachiopoda)
Acrospirifer intermedius vetustus
Anoplotheca venusta
Aulacella eifliensis
Athyris cf. concentrica
Bifida lepida
Kayserella cf. lepida
Nucleospira lens
Platyorthis circularis
Stropheodonta taeniolata
Zdimir rhenanus

Trilobiten (Trilobita)
Asteropyge sp.
Phacops sp.

Seelilien (Crinoidea)
Cupressocrinites sp.
Rhipidocrinus sp.

Givet

Conodonten (Conodonta)
Belodella triangularis
Icriodus nodosus
Polygnathus linguiformis

Korallen (Anthozoa)
Disphyllum caespitosum

Trilobiten (Trilobita)
Phacops latifrons

Oberdevon

Conodonten (Conodonta)

Adorf

Palmatolepis martenbergensis
Palmatolepis transitans
Polygnathus asymmetricus asymmetricus
Polygnathus asymmetricus ovalis
Polygnathus foliatus
Polygnathus rugosus

Nehden-Hemberg

Palmatolepis glabra glabra
Palmatolepis cf. regularis
Palmatolepis serrata
Palmatolepis subperlobata

Dasberg-Wocklum

Palmatolepis deflectens
Palmatolepis gonioclymeniae
Polygnathus communis
Pseudopolygnathus trigonicus
Spathognathodus costatus
Spathognathodus supremus

Karbon

Tiefes **Unterkarbon** wurde wahrscheinlich im Hunsrück einschließlich seiner epimetamorphen Südrandzone abgelagert, ist aber im östlichen Hunsrück nicht durch Fossilien belegt. In dieser „metamorphen Zone", die den Hunsrück im Süden zwischen Bingen und Kirn begrenzt und weiter im Westen unter die jüngeren Rotliegend-Sedimente abtaucht, lassen sich die verschiedensten Gesteine beobachten. Neben Gneisen (Schweppenhausen, Wartenstein) finden sich Phyllite, Kalkphyllite, Kalke, Kieselschiefer und als interessanteste Gesteine für den Mineraliensammler Grünschiefer und Metadiabase (mit Stilpnomelan und Pumpellyit).

In diesem Zusammenhang besonders erwähnenswert und aufschlußreich sind die Verhältnisse in der Umgebung der Grube Korb bei Eisen westlich Birkenfeld. Dort lassen sich in der Nachbarschaft des Schwerspatlagers in einer stark verschuppten Abfolge die einzigen Unterkarbon-Sedimente des Hunsrücks nachweisen. Der synsedimentär, wahrscheinlich im Mitteldevon entstandene Schwerspat erscheint in zwei Varietäten, dem grauen und dem roten (bunten) Baryt. Daneben haben sich Pyrit, Hämatit, Fluorit, Zinkblende und Bleiglanz gebildet. Weiterhin treten Phengit, Siderit, Rhodochrosit und Eisenchlorit auf sowie eine Menge nur erzmikroskopisch nachweisbarer Mineralien.

Im höheren Unterkarbon, vor 330 Millionen Jahren, setzte am Südrand des Hunsrücks die Faltung der Rheinischen Geosynklinale ein. Sie verursachte den intensiven und stark gestörten Faltenbau der devonisch-unterkarbonischen Schichten.
Die Faltungswelle griff allmählich nach Norden über und klang vor 300 Millionen Jahren

Unterkarbon-Conodonten aus der Grube Korb

Elictognathus sp.
Gnathodus delicatus
Gnathodus cf. *semiglaber*
Polygnathus communis communis
Polygnathus inornatus
Polygnathus symmetricus
„Spathognathodus" inornatus

Bleiglanz-Zinkblende-Gänge

Vorkommen: Altlay (Grube Adolf-Helene), Alterkülz (Grube Eid), Buch (Grube Diana), Bundenbach (Grube Friedrichsfeld), Hungenroth (Grube Camilla), Mastershausen (Grube Apollo), St. Goar-Werlau (Grube Gustav), Tellig (Grube Theodor), Weiden (Grube Aurora).
Mineralführung: Bleiglanz, Zinkblende, schwarze Zinkblende (Werlau), Pyrit, Kupferkies, Fahlerz, Cerussit, Pyromorphit, Malachit, Ankerit, Siderit, Dolomit, Calcit, Rhodochrosit, Apatit, Quarz.

Calcit-Dolomit-Gänge

Vorkommen: Stromberg (Massenkalkbrüche).
Mineralführung: Calcit, Dolomit, Hämatit, Bleiglanz, Kupferkies.

Schwerspat

Vorkommen: Gemünden (Stbr. Henau), Argenthal.
Mineralführung: Schwerspat, Quarz.

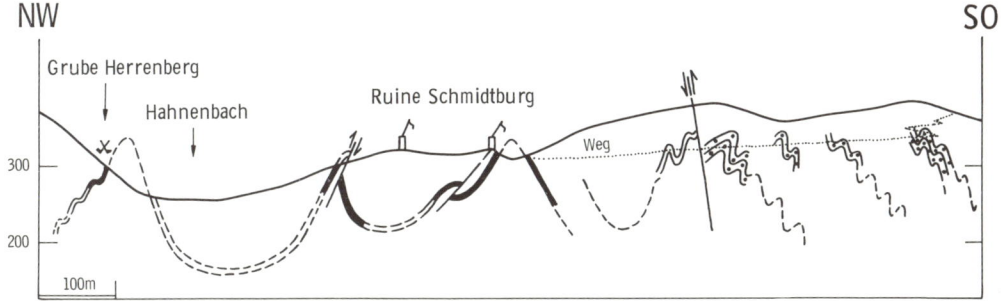

Oben: Querprofil durch die intensiv gefalteten Hunsrückschiefer-Taunusquarzit-Serien in der Umgebung der Besuchergrube Herrenberg. Der nordwestliche Bereich bis zum Weg südöstlich der Ruine Schmidtburg weist Hunsrückschiefer auf, in den im Bereich des Dachschiefers ein vulkanischer Horizont eingeschaltet ist. Dieser in das Profil schwarz eingetragene Leithorizont gibt die Faltung gut wieder. Am Weg südlich der Störung finden sich intensiv gefaltete Quarzite (punktiert).

im höheren Oberkarbon mit nur noch geringer Faltungsintensität im heutigen Ruhrgebiet aus. Die Faltung des varistischen Gebirges wurde

Unten: Bergkristall aus Quarzgängen im Hunsrückschiefer bei Thalfang (Bildbreite 30 cm) (Slg. Dröschel, Idar-Oberstein).

durch die Verdriftung von Afrika (einschließlich Südeuropa) nach Norden hervorgerufen.
Im Gegensatz zum Hunsrück sind auf der Mitteldeutschen Schwelle weder der granitische Untergrund noch die auflagernden Mitteldevon- bis Oberkarbon-Sedimente gefaltet.
Bei der Faltung im Unterkarbon entstanden auch die metamorphen Gesteine des Hunsrück-Südrandes zwischen dem Hunsrück und der mindestens seit dem Oberdevon in der Nähe gelegenen Mitteldeutschen Schwelle. Zur Bildung dieser Gesteine waren 300–400 °C und ein Druck von ca. 2–4 kbar nötig. Dies entspricht einer Bildungstiefe von 7 bis maximal 14 km.
In der Endphase der Orogenese bildeten sich bei langsam abnehmenden Temperaturen auf Spalten und Verwerfungen die hydrothermalen Mineralgänge des Hunsrücks.
Die Faltung des „Rhenoherzynikums" schuf ein Gebirge, das als Hochgebiet sein Abtragungsmaterial nach Süden in die rund 50 km breite Saar-Nahe-Senke lieferte. Sie erhielt im **Oberkarbon** ihre Sedimentschüttung jedoch vor allem aus der Gegend von Schwarzwald und Vogesen. Neben Konglomeraten, Sandsteinen und Tonsteinen sind besonders die Kohleflöze des Saarlandes von Bedeutung. Die Kohlen entstanden aus Pflanzen, die in Sumpfgebieten wuchsen und von Sanden und Tonen überdeckt wurden.
Beobachten lassen sich die Oberkarbon-Vorkommen (Breitenbacher Schichten) mit ihren schwarzen und grünlichen Schiefertonen, Sandsteinen und Kalkoolithbänkchen, die Fischreste führen, im Nahe-Raum nur südlich Oberhausen am Rande des Lemberg-Quarzporphyrs. Dieses jüngste Karbon-Schichtglied weist zwei Kohleflözchen mit viel Pyrit auf, die noch zu Beginn dieses Jahrhunderts durch Versuchsstollen auf ihre Abbauwürdigkeit geprüft worden sind. Das 20–30 cm mächtige „Breitenbacher Flöz" wird vom wenige Zentimeter dicken „Dachflöz" durch Schieferton getrennt.

Perm

Über dem Karbon folgt im Saar-Nahe-Becken kontinuierlich das Perm mit dem Rotliegenden. Es wird in Unter- und Oberrotliegendes gegliedert. Beide Serien lassen sich grob durch die Gesteinsfarbe und die verschiedenen Gesteine unterscheiden. Das Unterrotliegende weist meist graue und grüne Farben auf, während das Oberrotliegende hauptsächlich rot (durch Hämatit) gefärbt ist.
Das Klima nahm vom Oberkarbon zum Oberrotliegenden immer stärker ariden Charakter an. Dies führte kontinuierlich zu einer Einschränkung der Kohlenbildung, was sich in der abnehmenden Zahl der Kohlenflöze bis zum Oberrotliegenden widerspiegelt.
Im **Unterrotliegenden** lassen sich eine nördliche Randfazies und eine südliche Beckenfazies unterscheiden. Die Randfazies am Hunsrück-Südrand weist gröbere Sedimente auf, was eine Hebung des Hunsrücks anzeigt. In der mächtigeren Beckenfazies läßt sich im Gegensatz zur Randfazies rhythmische Sedimentation belegen. Das heißt, die Sedimente werden nach oben hin feinkörniger. Am Anfang stehen Konglomerate oder Sandsteine. Darauf folgen bei abnehmender Strömungsgeschwindigkeit der die Sedimentfracht herbeibringenden Strömungen Schiefertone, während auflagernde Kalke und Kohlenflöze an Ort und Stelle bei ruhigen Ablagerungsbedingungen entstanden. So kann man die gröberen Deltasedimente von den feineren Bodenablagerungen eines Sees unterscheiden. Die Lage der

Stratigraphische Gliederung des höchsten Karbon und des Perm (nach ATZBACH & GEIB 1972, FALKE 1974, STRACK & STAPF 1980, BOY & FICHTER 1982). Nach der Gliederung von BOY & FICHTER soll die Abfolge von den Lautereckener Schichten bis zu den Odernheimer Schichten zu einer Einheit zusammengefaßt werden. Charakteristische Leithorizonte sind hervorgehoben. Der „Jeckenbacher Wald" stellt einen autochthonen Calamiten-Bestand in einem Delta dar.

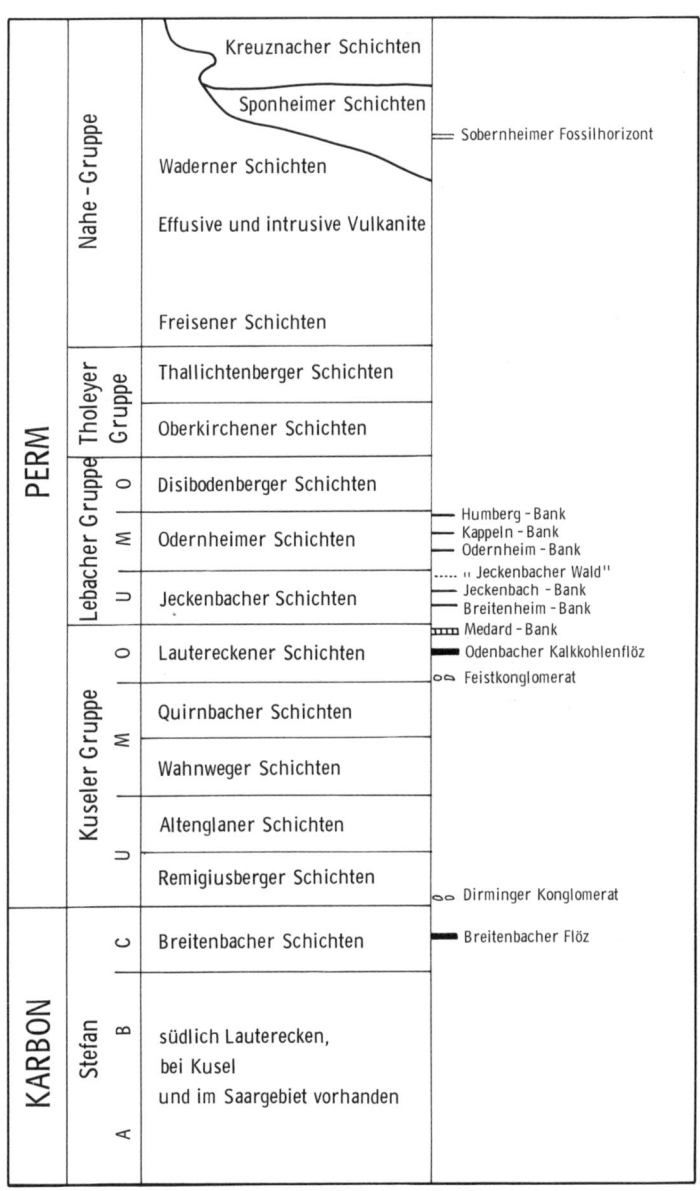

Links: Kalke und Schiefertone im Unterrotliegenden bei Callbach.

Unten: Aufschluß in Tonsteinen der Jeckenbacher Schichten (Unterrotliegendes) bei Jeckenbach. Hier finden sich in Toneisensteinlagen Wirbeltierreste.

Rechts: *Sclerocephalus sp.*, Jeckenbacher Schichten (Unterrotliegendes) bei Jeckenbach (Slg. Conradt, Simmertal).

Rechts unten: *Paramblypterus sp. (?gelberti),* Jeckenbacher Schichten bei Jeckenbach; Länge 12 cm (Slg. Schmidt, Sobernheim).

Seen änderte sich kontinuierlich. Überflutungen wechselten mit Trockenfallen ab. Alle Stadien eines Sees bis zu seiner Verlandung lassen sich durch die Sedimente rekonstruieren. Insektenfährten, Tetrapodenfährten sowie Regentropfeneindrücke weisen auf

Trockenfallen hin. Marine Bedingungen scheiden aus, da neben wenigen Landtieren (Insekten, Reptilien) nur Tiergruppen (Muscheln, Fische, Amphibien) erhalten sind, die in Süßwasserseen lebten.

Die artenreichste Fauna und Flora (mit einem autochthonen „Wald" in den Jeckenbacher Schichten) findet sich in den Lautereckener, Jeckenbacher und Odernheimer Schichten. Raubgrabungen haben in letzter Zeit die Aufmerksamkeit auf die Jeckenbacher Schichten mit ihren in Papierschiefern auftretenden Fossilvorkommen gelenkt. Sie enthalten auch die „Lebacher Toneisenstein-Geoden" (Nieren und Knollen), in denen Reste von Fischen und Stegocephalen stecken.

Diese Toneisensteine der Lebacher Gruppe entstanden in Seen, die zeitweise sauerstofffreies Wasser enthielten. Darin wurden die Eisenoxide, die Süßwasserzuflüsse aus dem Hunsrück mitbrachten, zu Siderit reduziert. Gleichzeitig wurden Tiere aus diesem Lebensraum, darunter die vorherrschenden Palaeonisciden (bis 20 cm lang) und die kleinen Tetrapoden (vor allem *Branchiosaurus*), eingebettet und erhalten. Letztere sind vollständig überliefert, was darauf schließen läßt, daß sie auch am Ort der Fossilisierung gelebt haben. *Uronectes fimbriatus*, einziger Vertreter der höheren Krebse, erreicht bestenfalls 25 mm Größe und wird daher häufig übersehen. Haifische (*Xenacanthus, Orthacanthus*) finden sich in den Lebacher Toneisensteinen als bis 2 m lange Exemplare. Die Formen der Gattung *Acanthodes* erreichen Größen bis zu 40 cm. Reptilien waren, wie man aus den zahlreichen Laufspuren schließen muß, mit einer ganzen Reihe von Arten vertreten. Es ist jedoch noch nicht möglich, die Spuren bestimmten Tieren zuzuordnen. Vor allem hat man bisher nur von einer einzigen Art, einem 65 mm

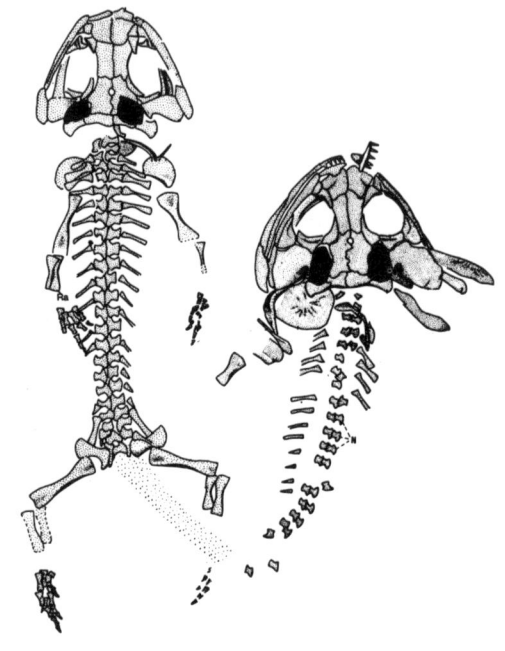

Oben: *Branchiosaurus cf. petrolei* (GAUDRY) (links, Länge 8 cm) und *Micromelerpeton credneri* BULMAN & WHITTARD aus den Odernheimer Schichten (nach BOY 1976).

Unten: Rekonstruktion des Schädels von *Micromelerpeton credneri* BULMAN & WHITTARD (nach BOY 1976).

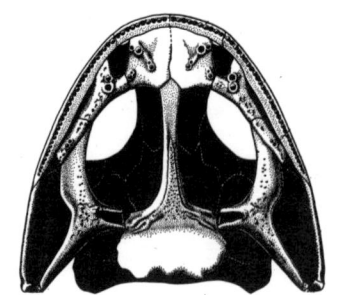

großen Reptil, Körperreste gefunden. Dagegen werden die Tetrapoden *Micromelerpeton credneri* und *Branchiosaurus cf. petrolei* 21 cm bzw. 10 cm lang. Es sollte also in der Lebacher Gruppe nur von Fachleuten und mit erhöhter Vorsicht gearbeitet werden.

Die Schalenumrisse der meist doppelklappig erhaltenen Muscheln variieren stark, wie bei vielen Süßwasserarten. Das erschwert die Bestimmung erheblich. In seltenen Fällen findet man sie in Schillagen bzw. linsenartigen Anreicherungen.

Im tiefen **Oberrotliegenden**, zu Beginn einer neuen Hebungsperiode des Hunsrücks relativ zum Nahe-Becken, läßt sich ein starker Vulkanismus mit sauren und basischen Gesteinen feststellen, auf den die Tuffe in den etwas älteren Freisener Schichten die ersten Hinweise geben. Mächtige Rhyolithkomplexe wie der Kreuznacher Rhyolith (= Kreuznacher Quarzporphyrmassiv) mit ca. 50 km² Fläche, der Lemberg-Porphyr, der Komplex nördlich Obermoschel (Bauwald) und weiter im Südwesten das mehrere Teilbereiche umfassende Nohfelder Rhyolithmassiv stehen als Intrusionen neben den mächtigen basischen Laven von Idar-Oberstein und Baumholder. Die basischen Vulkanite teilen sich nordöstlich Baumholder in zwei Äste auf und begleiten die Nahe-Mulde an deren Nordwest- und Südostflanke. Sie nehmen dabei in ihrer Mächtigkeit ab und können schließlich sogar ganz fehlen.

Oben: *Pecopteris arborescens,* ?Lautereckener Schichten (Kuseler Gruppe), Medard am Glan; Länge 15 cm (Slg. Karl-Geib-Museum Bad Kreuznach).

Rechts: Endstück von *Calamites sp.,* einem Schachtelhalm aus dem Unterrotliegenden (?Tholeyer Gruppe) von Steinbockenheim; Länge 20 cm (Slg. Karl-Geib-Museum Bad Kreuznach).

Fossilliste Rotliegendes

Vorkommen:

SP   Sponheimer Schichten
WAD Waderner Schichten
D   Disibodenberger Schichten
O   Odernheimer Schichten
J   Jeckenbacher Schichten
L   Lautereckener Schichten
Q   Quirnbacher Schichten
W   Wahnweger Schichten
A   Altenglaner Schichten
R   Remigiusberger Schichten
T   Tholeyer Gruppe
LEB Lebacher Gruppe
K   Kuseler Gruppe
ORO Oberes Rotliegendes
RO   Rotliegendes

Begleitfauna: Algen (Stromatolithen), Ostrakoden, Süßwasserschnecken, Lebensspuren.
Begleitflora: Pollen, Sporen; Kieselhölzer in Oberkirchener und Freisener Schichten.

Pflanzen

Alethopteris subelegans (SP)
Annularia pseudostellata (SP)
Annularia sphenophylloides (SP)
Annularia spicata (J, SP)
Annularia cf. stellata (SP)
Aphlebia germarii (SP)
Calamites gigas (SP)
Calamites suckowii (SP)
Calamostachys ramosa (SP)
Calamostachys cf. tuberculata (SP)
Callipteridium gigas (SP)
Callipteris conferta (LEB, SP)
Callipteris polymorpha (SP)
Callipteris subauriculata (L, O)
Cordaites sp. (SP)
Dadoxylon sp. (ORO)
Dicksonites pluckenetii (SP)
Ernestiodendron filiciforme (SP)
Ernestiodendron sp. (J, O)
Gomphostrobus bifidus (SP)
Lebachia mitis (O)
Lebachia cf. parvifolia (SP)
Lebachia piniformis (LEB)
Lebachia piniformis-Gruppe (SP)
Lebachia sp. (J, O)
Odontopteris subcrenulata (SP)
Pecopteris arborescens (K, SP)
Pecopteris candolleana (SP)
Pecopteris cyathea (SP)
Pecopteris bredovii (SP)
Pecopteris hemitelioides (SP)
Pecopteris polymorpha (SP)
Pecopteris sp. (J, O)
Pinnularia capillacea (SP)
Poacordaites linearis (SP)
Pseudomariopteris ribeyronii (SP)
Sigillaria ichthyolepis
Sphenophyllostachys sp. (SP)
Sphenophyllum cf. thonii (SP)
Ullmannia sp. (SP)
Walchiostrobus sp. (SP)
Weissites pinnatifidus (SP)

Tiere

Hohltiere (Coelenterata)
Medusites sp. (ORO)

Muscheln (Lamellibranchiata)
Anthraconaia? sp. (K)
Palaeanodonta sp. (RO)

Würmer (Polychaeta)
„*Palaeorbis palatinus*" (R, A, L)

Krebse (Crustacea)
Phyllopoda (Blattfußkrebse)
Cyzicus tenella (RO)
Cyzicus drummi (RO)
Cyzicus obenaueri (RO)

Ostracoda (Muschelkrebse)
Carbonita sp. (L, J, ORO)

Malacostraca (Höhere Krebse)
Uronectes fimbriatus (L, J, O)

Insekten (Insecta)
Amblymylacris sp. (SP)
Blattinopsis beersi (LEB)
Eugereon lebachensis (LEB)
Olethroblatta minuta (LEB)
Permoplectoptera sp. (O)
Permula lebachensis (LEB)
Phylloblatta gigantea (O)
Phylloblatta gracilis (LEB)
Phylloblatta lebachensis (LEB)
Phylloblatta ornatissima (O)
Phylloblatta schusteri (ORO)
Plesiodischia baentschi (LEB)

Myriapoden (Tausendfüßer)
Archiulus brassi (LEB)

Wirbeltiere

Fische
Acanthodes bronni (L, J, O, ORO)
Acanthodes gracilis (L, J, O, ORO)
Acanthodes cf. gracilis (J, O)
Conchopoma gadiforme (LEB)
Conchopoma sp. G. (J)
Elonichthyidae? gen. et sp. indet. (J)
Orthacanthus senckenbergianus (J, O)
Orthacanthus sp. (J)
Paramblypterus duvernoyi (O)
Paramblypterus gelberti (J, O)
Paramblypterus sp. R (Q, L, O)
Rhabdolepis macropterus (J)
Xenacanthus sessilis (?L, J, O, ORO)
Xenacanthus sp. (Q, L, O)

Amphibien
„Actinodon" latirostris (O)
Archegosaurus decheni (J)
Branchiosaurus caducus (O)
Branchiosaurus humbergensis (J)
Branchiosaurus cf. petrolei (Q, J, O)

Microbrachis sp. (A)
Micromelerpeton credneri (O)
Paramicrobrachis fritschi (LEB)
Sclerocephalus häuseri (A, J, O)
Sclerocephalus sp. (J)
Tersomius graumanni (SP)

Reptilien
Bactropetes sp. (O)

Laufspuren

Tetrapodenfährten

Amphisauroides sp. (J, O, SP)
Anhomoiichnium? staigeri (ORO)
Dimetropus leisnerianus (A, J, SP)
cf. Foliipes abscissus (SP)
Foliipes abscissus (J, O, SP)
Gilmoreichnus kablikae (J, O, SP)
Gilmoreichnus minimus (J, O)
Hyloidichnus arnhardti (W, J, O, SP)
Ichniotherium cottae (J, O, SP)
Jacobiichnus caudifer (J, O, SP)
Laoporus? dolloi (ORO)
Limnopus palatinus (K, LEB, T, ORO)
Phalangichnus? sp. (ORO)
Protritonichnites lacertoides (A, W, J, WAD, SP)
Saurichnites incurvatus (J, O, WAD, SP)
Saurichnites intermedius (W, J, SP)
Saurichnites salamandroides (J, O)
Varanopus microdactylus (SP)

Arthropodenfährten

Ichnium försteri (ORO)
Ichnium strubi (ORO)
Lithographus niersteinensis (ORO)
Oniscoidichnus sp. (J, ORO)
Permichnium völckeri (?O)

Links: Melaphyr-Steinbruch der Südwestdeutschen Hartsteinwerke in Kirn.

Links unten: Pektolith auf Melaphyr. Rauschermühle bei Niederkirchen; Bildbreite 10 cm (Slg. Karl-Geib-Museum Bad Kreuznach).

Der Kreuznacher Intrusivkörper hat nur im östlichen Teil die Oberfläche erreicht und floß in dieser Richtung über die Oberrotliegend-Sedimente aus. Die verschiedenen vulkanischen Gesteine deuten auf ein Ausgangsmagma, das durch Reaktionen mit Krustengesteinen (Einschmelzung) und Fraktionierung (Ausfällung bestimmter Mineralien) unterschiedlich verändert worden ist.
„Quarzporphyr" und „Melaphyr" sind durch Einsprenglinge gekennzeichnet, der Quarzporphyr durch Quarz, Feldspat (Sanidin, Orthoklas, Plagioklas) sowie teilweise Biotit und Augit, der Melaphyr durch Feldspat (Plagioklas) und Biotit. Bei den basischen Gesteinen liegen alle weiteren Einsprenglings-Mineralien (Olivin, Pyroxen) meist sekundär zersetzt vor. Die Feldspäte können in der Verwitterungszone kaolinisiert sein. Eine rötliche Färbung wird durch Eisenoxid (Hämatit) verursacht. Bis mehrere Kubikmeter große Fremdeinschlüsse können Sillimanit, Spinell, Granat und Turmalin aufweisen, die durch Kontaktmetamorphose entstanden sind.
Die Achatvorkommen im Melaphyr wurden möglicherweise schon zu römischer Zeit, sicher aber im Mittelalter abgebaut. Die besten Vorkommen liegen um Idar-Oberstein, Baumholder und Freisen im großen Melaphyr-Komplex. Bekannt wurden Drusen mit

Prehnit und Calcit auf Melaphyr (Breite 6,5 cm). Rauschermühle bei Niederkirchen (Slg. Karl-Geib-Museum Bad Kreuznach).

Schematisches Querprofil durch den südlichen Hunsrück und die Nahe-Senke. ro = Oberrotliegendes, ruT = Tholeyer Gruppe, ruL = Lebacher Gruppe, ruK = Kuseler Gruppe, co = Oberkarbon, MZ = Metamorphe Südrandzone des Hunsrücks. Die verschieden großen Punkte und Kreise im Oberrotliegenden sollen den Fazieswechsel von Nordwesten nach Südosten verdeutlichen.

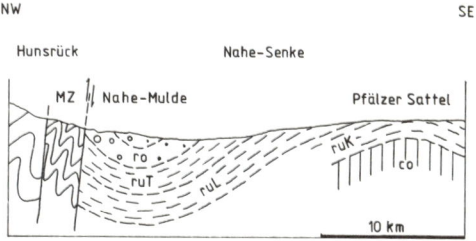

Tal bei Auen am Südrand des Hunsrücks.

bis 1,5 m Durchmesser. Die Blasenräume der Mandelsteine sind mit Calcit, Quarz (Amethyst, Bergkristall, Achat, Chalcedon) gefüllt (vgl. S. 84 ff.).

Physikalische Altersbestimmungen ergaben für die Rhyolithkomplexe ein Alter von 280 Millionen Jahren. Damit gelangt man fast an die Karbon-Perm-Grenze, die zwischen 285 und 293 Millionen Jahren anzusetzen ist. Das Rotliegende wird neuerdings vor allem mit Hilfe von Tetrapodenfährten biostratigraphisch gegliedert (BOY & FICHTER 1982). Damit läßt sich die ältere fazielle Aufteilung noch verfeinern.

Das Oberrotliegende wartet mit gröberen Gesteinen auf als das Unterrotliegende. Es herrscht die typische Fanglomerat-Fazies vor. In einem nun semiariden bis ariden Klima schaffen episodische Überschwemmungen (Schichtfluten) nach Unwettern grobe Schuttmassen in ein Becken, in dessen Zentrum die tonige Resttrübe abgesetzt wird; sie führt örtlich Pflanzenreste. Die Waderner Schichten stellen die Grobfazies in der nordwestlichen Nahe-Mulde dar. Sie bestehen hauptsächlich aus mächtigen Folgen roter bis rotbrauner Konglomerate und Fanglomerate, deren Gerölle (bis über 50 cm Durchmesser) vor allem von Gesteinen aus dem Hunsrück stammen (Taunusquarzit, Hunsrückschiefer, Stromberger Kalk). Nur untergeordnet sind Sandsteine und Tonsteine eingeschaltet. Fossilien treten vorwiegend in den feinkörnigeren

Großrippelschichtung in den Kreuznacher Schichten (Oberrotliegendes) an der Roten Lay nördlich Bad Kreuznach nahe der B 41. Diese hier aufgeschlossenen, ca. 7 m mächtigen Sandsteine stellen Hochwasser-Ablagerungen von Flüssen dar.

Sponheimer Schichten auf, die im Süden die Waderner Schichten vertreten. In beiden Schichtgliedern finden sich Gerölle von vulkanischen Gesteinen. Sie lassen sich von nahegelegenen Vulkanbauten herleiten, die das Relief dieses Beckens lebhafter gestaltet haben. Erst nach ihrer Abtragung wurde das Relief wieder ausgeglichen.

Die Feinsandsteine und Tonsteine der Sponheimer Schichten enthalten neben Tetrapodenfährten eine reichhaltige Flora (Pflanzenreste, Sporen, Pollen), darunter auch die für das Rotliegende leitende Form *Callipteris conferta*. Die vielen Saurierfährten lassen ein punktuell reiches Leben in einer ansonsten lebensfeindlichen Landschaft erkennen, das aber wohl ausschließlich im Umkreis von Flußläufen oder Restseen anzusiedeln ist. Bisher konnte nur ein Tetrapode (*Tersomius graumanni*) mit relativ vielen Skelettelementen aufgefunden werden. Fischreste, Muscheln, Ostrakoden, ,,Estherien" und Süßwassermedusen ergänzen die im Gegensatz zur Flora nicht allzu reiche Fauna. Für die Stratigraphie und die Einstufung des Rotliegenden spielt das Sobernheimer Fossilvorkommen eine besondere Rolle.

Zum Beckenzentrum hin treten anstelle der höheren Waderner Schichten die Kreuznacher

Schichten, mächtige Sandsteinpakete mit großräumiger Schrägschichtung. Diese wurde bisher immer als Wind- oder Dünenschichtung gedeutet. Nach neueren Untersuchungen sind diese ehemaligen Sande eher Hochwasserablagerungen von Flüssen. Ähnliche Sedimente entstehen heute im Brahmaputra (Bangladesch).

Geologische Verhältnisse im Mesozoikum

Trias-, Jura- und Kreide-Sedimente lassen sich im größten Teil des Hunsrücks und im Nahe-Raum nicht nachweisen. Nur am Westrand des Hunsrücks, in der Nähe des heutigen Saartales, dürften Sedimente der **Trias** abgelagert worden sein. Aus dieser Zeit liegt lediglich Buntsandstein westlich des Hochwaldes bei Greimerath noch vor. Der Hunsrück bildet mit anderen Teilen des Rheinischen Schiefergebirges in der Trias ein Abtragungsgebiet mitten in einem zeitweise wüstenartigen Sedimentationsraum (Buntsandstein, Keuper), der im Muschelkalk von einem Flachmeer überflutet wird.

Auch im **Jura** bleibt das Hochgebiet des Rheinischen Schiefergebirges als „Ardennisch-Rheinische Insel", während des obersten Jura sogar als Teil einer größeren Landmasse, erhalten. In der **Kreide** werden ihre Randbereiche wieder überschwemmt. An der Kreide-Tertiär-Grenze reicht die Insel vom Südrand des Schwarzwaldes bis zum Nordrand des Rheinischen Schiefergebirges und von Ostfrankreich bis Böhmen.

Tertiär

Erst im Oligozän kommt es im Zuge der kontinuierlichen Absenkung der „Rheinischen Masse" und des Einbrechens des Oberrhein-

Hunsrück-Nahe-Raum in einem geologischen Reliefbild, das vom Oberrheingraben beherrscht wird (Ausschnitt aus H. CLOOS 1955).

grabens zu einer, wahrscheinlich kurzzeitigen, Meeresüberflutung des Rheinischen Schiefergebirges. Sie ist durch spärliche Funde von Foraminiferen in Hunsrück und Eifel sowie von der unteren Lahn belegt. Die Fossilien zeigen marine Verhältnisse an.

Im südlichen Vorland des Hunsrücks bildet das Mainzer Becken den Ausläufer des nördlichen Oberrheingrabens, dessen Bruchstruktur eine Besonderheit in Mitteleuropa darstellt. Die

Tertiär-Ablagerungen des Mainzer Beckens reichen im Westen bis Sobernheim. Sie bergen eine reiche Fauna und Flora. Bekannte Fundstellen sind u. a. Steinhardt, Neu-Bamberg, Eckelsheim, Wendelsheim, Weinheim/Alzey sowie am Welschberg und Wißberg.
Die ältesten Sedimente im Oberrheingraben sind mitteleozäne Serien mit bituminösen Schiefern, die vor allem durch Messel bei Darmstadt Bekanntheit erlangten. Westlich der Linie Alzey – Bingen treten diese Seeablagerungen sowie der „eozäne" Basiston nicht auf. Sie weichen im Unteroligozän Meeressedimenten (**Pechelbronner Schichten**), die im südlichen Rheingraben Kalisalz, Steinsalz, Anhydrit, Gips und Erdöl führen. Durch die Absenkung des Oberrheingrabens konnte das Meer von der Burgundischen Pforte bis in das Mainzer Becken vorstoßen. Östlich von Bad Kreuznach erbohrte terrestrische bis brackisch-marine Sedimente (Kalke und Mergel) lassen sich mit den Mittleren Pechelbronner Schichten vergleichen.
Erneute Hebung des Oberrheingrabens zur Zeit der Oberen Pechelbronner Schichten ließ das Meer wieder zurückweichen. Es drang erst im Mitteloligozän am Südrand des Hunsrücks weit nach Westen vor, dort, wo starke Vertikalbewegungen an der Hunsrück-Südrandstörung zu beobachten sind. Die vulkanischen Gesteine des Rotliegenden (Kreuznacher Quarzporphyr, Latit vom Welschberg) gestalteten dabei als Härtlinge eine Insellandschaft.
Die fazielle Verzahnung von Rupelton und Meeressand ermöglicht eine Gliederung dieses Meeresraums in Becken- und Küstenbereiche. Der **Rupelton**, ein tonig-mergeliges Stillwasser-Sediment mit seinen Schichtgliedern Foraminiferen-Mergel und Fischschiefer, besitzt meist hohen Kalkgehalt. Kalkkonkretionen (Septarien) führen Kalkspat, Schwerspat und

PLIOZÄN		Schotter und Sande
		Bohnerztone
		Dinotheriensande
MIOZÄN	Oberes	
	Mittleres	
	Unteres	Hydrobien-Schichten
		Corbicula-Schichten
		Cerithien-Schichten
OLIGOZÄN	Oberes	Süßwasser-Schichten
		Cyrenen-Mergel
	Mittleres	Schleichsand / Oberer Meeressand
		Rupelton / Unterer Meeressand
	Unteres	Mittlere Pechelbronner Schichten
EOZÄN		„Eozäner" Basiston
		- ? Vererzung (Soonwalderze)

Stratigraphische Tabelle für das Tertiär des westlichen Mainzer Beckens. Die schraffierten Bereiche stellen Schichtlücken dar.

Gips. Der Pyritgehalt zeigt reduzierende Bedingungen am Meeresgrund an. Im Fischschiefer (Mittlerer Rupelton) hatte abnehmende Wasserturbulenz Sauerstoffarmut, d. h. lebensfeindliche Bedingungen zur Folge. Der Fischschiefer enthält, wie schon der Name sagt, Fischreste und ist im ganzen Oberrheingraben als Leithorizont nachweisbar. Fauna und Flora (über 200 Arten allein im Mittleren Rupelton) verraten, daß er unter subtropi-

Zahn des Riesenhaifisches *Carcharodon angustidens* AGASSIZ (Höhe 8 cm), Unterer Meeressand bei Windesheim (Slg. Karl-Geib-Museum Bad Kreuznach).

Ampullina crassatina (LAMARCK), Unterer Meeressand, Welschberg bei Waldböckelheim; Breite 9 cm (Slg. Karl-Geib-Museum Bad Kreuznach).

schen bis tropischen Bedingungen in einem Randmeer abgelagert wurde, das mehr oder weniger von Süßwasserzuflüssen beeinflußt war. Das Meer erstreckte sich von Bad Kreuznach bis Waldböckelheim und Sobernheim sowie im Norden bis Stromberg – Waldalgesheim. Fossilfundplätze im Rupelton sind Flonheim, Wöllstein und Weinheim.

Während der Rupelton vor allem eine reiche Mikrofauna bietet, findet man im **Unteren Meeressand** eine Fülle von Muscheln, Schnecken, Korallen und lokal eingeschwemmten Landwirbeltieren. Die Fossilien können einzeln in den Sand eingebettet oder wie die zum Teil dickschaligen Muscheln durch die Strömung am Strand zu Muschelpflastern zusam-

Doppelklappig erhaltene *Arctica islandica rotundata* (AGASSIZ) (größter Durchmesser 9 cm) mit Serpel-Bewuchs, Unterer Meeressand, Weinheim (Slg. Karl-Geib-Museum Bad Kreuznach).

mengespült sein. Die örtlich in Mengen auftretenden Haifischzähne sind die hauptsächlichen Wirbeltierreste. Knochen von Säugetieren und Reptilien findet man seltener.

Nach dem Vorkommen bei Alzey wird der Untere Meeressand auch als „Alzeyer Meeressand" bezeichnet. Er setzt sich zusammen aus Sanden, konglomeratischen Sanden und eisenschüssigen Breccien, deren Material von den Quarzporphyr-, Melaphyr-, Rotliegendsandstein- und Taunusquarzit-Inseln stammt. Möglicherweise gilt dieses Alter auch für die eisenhaltigen Breccien südlich Gemünden (alte Pingen). Basaltgerölle sind von den frühtertiären Basalten des nördlichen Oberrheingrabens abzuleiten.

Fossilliste Unterer Meeressand und Rupelton

Die Gesamtfauna des Tertiärs würde den Rahmen dieses Buches sprengen. Deshalb kann nur eine Auswahl vorgestellt werden.

Begleitfauna: Mikrofauna (Foraminiferen, Ostrakoden), Bryozoen, koloniebildende Korallen, Wirbeltiere; Muscheln mit über 100 Arten, Schnecken mit über 200 Arten.
Begleitflora: über 200 Arten; Kieselhölzer.

Pflanzen

Farne (Filices)
Lygodium kaulfussii

Nacktsamer (Gymnospermae)
Nadelhölzer (Coniferae)
Libocedrites salicornioides
Pinus sp. (Koniferenzapfen)
Sequoia abietina
Taxodium sp.

Bedecktsamer (Angiospermae)
Apocynophyllum sp.
cf. *Carya sp.*
Comptonia sp.
Daphnogene sp.

Fagaceae
Laurophyllum sp.
Myrica sp.
Salix sp.

Tiere

Korallen (Anthozoa)
Balanophyllia inaequidens
Balanophyllia sinuata

Schnecken (Gastropoda)
Ampullina crassatina
Aporrhais oxydactylus
Benoistia abbreviata
Benoistia boblayi
Bittium sublima
Emarginula oblonga
Keepingia uniserialis
Lunatia dilatata
Lyrotyphis cuniculosus
Lyrotyphis fistulatus
Lyrotyphis pyruloides
Murex costulatus
Murex nodosus
Murex ornatus
Murex sandbergeri arenarius
Murex tricostatus
Pirenella laevissimum
Pirenella plicata intermedia
Sandbergeria cancellata
Trophon deshayesii
Typhis steueri

Zahnröhren-Grabfüßer (Scaphopoda)
Dentalium fissura
Dentalium kickxi

Muscheln (Lamellibranchiata)
Arca sandbergeri
Astarte plicata
Axinactis angusticostata
Callista splendida
Chama exogyra
Chlamys composita
Chlamys decussata
Chlamys hoeninghausi
Chlamys picta
Chlamys weinheimensis
Corbula gibba
Crassatella bronni
Crassostrea cyathula
Ctena squamosa
Cyclocardia orbicularis
Glycymeris obovata („subterebratularis")
Hiatella arctica
Isognomon heberti
Isognomon maxillata sandbergeri
Limatula boettgeri
Lithophaga delicatula
Nucula piligera
Palliolum hauchecornei
Palliolum incomparabilis
Polymesoda cf. convexa
Portlandia deshayesiana
Pelecyora polytropa
Pycnodonte callifera
Scissurella sp.
Spondylus tenuispina
Teredo anguinus
Thyasira nysti

Krebse (Crustacea)
Rankenfußkrebse (Cirripedia)
Balanus stellaris
Lepas sp.

Wirbeltiere (Vertebrata)

Fische (Pisces)
Carcharodon angustidens
Odontaspis cuspidata

Säugetiere (Mammalia)

Paarhufer
Anthracotherium magnum
Bachitherium curtum

Unpaarhufer
Cadurcotherium sp.
?Eggysodon minus

Seekühe
Halitherium schinzii

In der Umgebung von Bad Kreuznach ist der Untere Meeressand lokal als Barytsandstein ausgebildet. Der Schwerspat ist dort ausgefällt worden, wo bariumchloridhaltige Wässer aufstiegen und mit sulfatführenden Wässern aus dem Rupelton reagierten.

Bei den „Steinhardter Erbsen" (Foto S. 118) umschließt Schwerspat pflanzliche und tierische Fossilien. Die Konkretionen besitzen konzentrischen Bau. Ihre Größe hängt vom eingeschlossenen Fossil ab. Entstanden sein dürften sie in Thermen, die wohl an eine Störung bei Steinhardt gebunden waren und Bariumchlorid geführt haben. Wenn nun Pflanzen und Tiere in einem oxidierenden Milieu verwesen, bildet sich Schwefelwasserstoff, der mit Bariumchlorid zu Schwerspat reagiert. Dabei wird der Sand um die Fossilien mit eingeschlossen. Sekundär werden die Kalkschalen gelöst. Pflanzenreste sind meist in Baryt umgewandelt, nur Blätter treten als Abdrücke auf.

Fossilfundplätze im Unteren Meeressand sind Steinhardt, Neu-Bamberg, am Welschberg bei Waldböckelheim, Sandgruben am Steigerberg zwischen Eckelsheim und Wendelsheim; Würzmühle bei Weinheim.

Zur Zeit des **Oberen Meeressandes** und des im Beckenzentrum an seine Stelle tretenden **Schleichsandes** dehnte sich das Meer weiter nach Westen aus. Die Schleichsandfazies reicht weiter nach Westen als die Rupeltonfazies. Der Obere Meeressand ist nur im ehe-

Oben: *Glycymeris obovata* (LAMARCK), Schleichsand, Wendelsheim; 7 cm; Außenseite (Slg. Karl-Geib-Museum Bad Kreuznach).

Rechts: *Glycymeris obovata* (LAMARCK), 7 cm; Innenseite. Gut erkennbar sind das taxodonte Schloß, die beiden Muskelansätze und der Mantelrand.

Tympanotonos margaritaceus (BROCCHI), Cyrenenmergel, Horrweiler südlich Bingen; Länge 3,5–5 cm (Slg. Karl-Geib-Museum Bad Kreuznach).

maligen Küstenbereich vorhanden. Einen weiteren Beweis für den Meeresvorstoß gibt das Absinken der meisten Inseln, die noch während der Ablagerung des Rupeltons aus dem Wasser ragten. So geht zum Beispiel bei Steinhardt der Untere Meeressand kontinuierlich in den morphologisch höher liegenden, feinkörnigeren Oberen Meeressand über. In den Strandablagerungen am Welschberg finden sich häufig Austern. Die Fauna ist im Oberen Meeressand arten- und individuenärmer als im Unteren Meeressand. Neben Pflanzenresten treten vor allem Schnecken und Muscheln auf.

Fossilliste
Oberer Meeressand und Schleichsand

Begleitfauna: Mikrofauna (Foraminiferen, Ostrakoden), Schwammnadeln, Seeigelstacheln, Haifischzähne.
Begleitflora: Blätter (überwiegend tropische Florenelemente), Holzreste, Pflanzenhäcksel, Mikroflora (Dinoflagellaten).

Pflanzen

Nacktsamer (Gymnospermae)

Nadelhölzer (Coniferae)
Pinus sp.

Bedecktsamer (Angiospermae)
Daphnogene sp.
Salix sp.

Tiere

Schnecken (Gastropoda)
Aporrhais tridactylus
Benoistia abbreviata
Cirsope labiata
Cocculina papyracea
Conomitra inornatum
Conomitra semiplicata
Gibbula sexangularis
Hydrobia dubuissoni
Jujubinus multicingulatus
Jujubinus rhenanus
Keepingia cassidaria cancellata
Lemintina imbricata
Littorina obtusangula
Lunatia dilatata
Lymnaea fabula
Lyrotyphis cuniculosus
Patella alternicostata
Pirenella plicata intermedia
Pirenella plicata multinodosa
Pirenella plicata papillata
Planorbis cornu
Potamides lamarcki
Muricopsis pereger („Murex")
Stenothyrella granulum
Stenothyrella lubricella
Stenothyrella minuta
Theodoxus alloeodus
Theodoxus fulminiferus
Turboella angusticostata
Turboella turbinata

Muscheln (Lamellibranchiata)
Callista splendida
Corbula gibba
Corbula subarata
Crassostrea cyathula
Glycymeris obovata
Hiatella arctica bicristata
Isognomon heberti
Isognomon maxillata sandbergeri
Mytilus? acutirostris
Nucula piligera
Panopea angusta
Paralucinella undulata
Pelecyora polytropa
Polymesoda convexa
Pycnodonte callifera
Striarca pretiosa
Tellina nysti
Teredina turnerae
Tivelina depressa

Krebse (Crustacea)

Rankenfußkrebse (Cirripedia)
Balanus sp.

Fische (Pisces)
Odontaspis cuspidata

Der Schleichsand oder genauer Schleichsandmergel besteht hauptsächlich aus feinsandigen Mergeln, die in kalkhaltige Feinsande (Elsheimer Meeressande) übergehen können. Charakteristisch ist ein hoher Glimmergehalt. Der Schleichsand hat seinen Namen bekommen, weil er nach stärkerer Durchfeuchtung zu Rutschungen bzw. Hangfließen („Schleichen") neigt. In die Schichtfolge schieben sich dünne Braunkohlenflöze, wie wir sie, allerdings in weitaus größeren Dimensionen, aus der Niederrheinischen Bucht kennen. Süßwasserablagerungen geben sich durch die Schnekken *Planorbis cornu* und *Lymnaea fabula* zu erkennen. Auch die Mikrofauna kann limnische Einschaltungen belegen. Daraus muß man als Ablagerungsraum ein flaches Becken folgern mit raschen vertikalen und horizontalen Milieuveränderungen. An Fossilien finden sich vor allem Schnecken, Muscheln, Seeigel- und Pflanzenreste.

An der Wende vom Mittel- zum Oberoligozän bestand über Hunsrück und Eifel – wahrscheinlich nur kurzfristig – eine Meeresverbindung, ähnlich wie es sie vom Oberrheingraben über die Hessische Senke zum Nordmeer gegeben hat.

Während der Ablagerung der **Cyrenenmergel** nahm der Landeinfluß stärker zu. In dieser tiefen Oberoligozän-Schicht, die ihren Namen von der Leitform *Cyrena convexa* (heute *Polymesoda convexa*) ableitet, überwogen Brackwasserverhältnisse. Die leicht erodierbaren Mergel mit unterschiedlich hohem Feinsandgehalt lassen sich westlich von Bad Kreuznach nur noch in kleinen Reliktvorkommen nachweisen, während sie östlich davon flächenhaft verbreitet sind. Braunkohlenflöze geringer Mächtigkeit enthalten neben Pyrit die Süßwassermuscheln *Lymnaea fabula* und *Planorbis cornu*. Bei stärkerem Eindringen von Meerwasser – ähnliche Vorgänge laufen heute in der Ostsee ab – wurden darüber wieder Brackwassersedimente mit den entsprechenden Fossilien abgelagert.

Die Aussüßung fand im oberen Oberoligozän mit der Sedimentation der **Süßwasser-Schichten** in ausgedehnten Seen ihren Höhepunkt. Die Mergel und bituminösen Kalke enthalten Süßwassermuscheln oder eine Brackwasserfauna. Auch Früchte von Characeen (Algen) lassen sich hier wie in anderen Ablagerungen des Oligozän finden. Einige wenige Vorkommen von Süßwasser-Schichten westlich und südlich von Bad Kreuznach zeigen eine Erweiterung des Ablagerungsraumes nach Süden (bis Lauterecken) an. Süßwasserquarzite der Randfazies führen ebenfalls *Planorbis cornu* und *Lymnaea fabula*.

Während des Untermiozäns nahm der Salzgehalt wieder zu. Trotz transgressiver Verhältnisse haben wir in den westlichen Ausläufern des Mainzer Beckens keine Unteren **Cerithien-Schichten**. Sie lassen sich erst östlich der Linie Kirchheimbolanden – Alzey – Wörrstadt über verschiedenen Tertiärsedimenten mit Kalksandsteinen und Kalken nachweisen (Steinbruch Mainz-Weisenau, Oppenheim). In der eigentlichen Grabenzone östlich der Linie Mainz – Oppenheim – Osthofen kam eine tonig-mergelige Beckenfazies zur Ablagerung. Die Oberen Cerithien-Schichten dagegen können westlich Bad Kreuznach nur mit Mikrofossilien belegt werden. Sie überlagern sogar das Devon des südlichsten Hunsrücks.

Auch die **Corbicula-Schichten** lassen sich punktuell westlich von Bad Kreuznach meist mit Mikrofossilien nachweisen. Östlich der Nahe kann die limnisch-brackische, Kalke und Mergel führende Schichtfolge mit *Hydrobia inflata* als Leitfossil abgegrenzt werden. Diese Serie, die besonders gut im Steinbruch Wei-

Fossilliste Cyrenenmergel

Begleitfauna: Mikrofauna (Foraminiferen, Ostrakoden), Wirbeltiere.
Begleitflora: in Braunkohle-Flözchen.

Pflanzen

Bedecktsamer (Angiospermae)
Sapindoidea globosa

Tiere

Schnecken (Gastropoda)
Aporrhais tridactylus
Benoistia abbreviata
Conomitra inornatum
Hydrobia (?) albigensis
Hydrobia dubuissoni
Jujubinus rhenanus
Keepingia cassidaria cassidaria
Littorina obtusangula
Lymnaea fabula
Lyrotyphis cuniculosus
Ocenebrina conspicua
Odostomia acutiuscula acutiuscula
Pirenella plicata intermedia
Pirenella plicata multinodosa
Pirenella plicata papillata
Planorbis cornu
Potamides plicatus galeotti
Potamides lamarcki
Stenothyrella granulum
Stenothyrella lubricella
Stenothyrella minuta
Theodoxus alloeodus
Tympanotonos margaritaceus

Muscheln (Lamellibranchiata)
Abra elegans
Arcopagia faba
Pelecyora polytropa
Plagiocardium scobinula
Polymesoda convexa („Cyrena")
Pteria stampinensis
Tellina nysti
Tivelina depressa

Fische (Pisces)
Odontaspis cuspidata

Säugetiere (Mammalia)
Anthracotherium alsaticum
Anthracotherium magnum

Fossilliste Süßwasserschichten

Begleitfauna: Mikrofossilien (Foraminiferen, Ostrakoden), Fischreste.
Begleitflora: Cyanophyceen-(Blaualgen-) Abscheidungen auf Unio-Schalen; Characeen-Früchte.

Tiere

Schnecken (Gastropoda)
Ancylus decussatus
Aporrhais tridactylus
Benoistia abbreviata
Conomitra inornatum
Gyraulus cordatus
Helix sp.
Keepingia cassidaria
Lemintina imbricata
Lymnaea fabula
Lyrotyphis cuniculosus
Muricopsis pereger
Ocenebrina conspicua
Pirenella plicata intermedia
Pirenella plicata multinodosa
Pirenella plicata papillata
Planorbis cornu
Potamides lamarcki
Stenothyrella granulum
Stenothyrella lubricella
Terebralia rahti
Theodoxus alloeodus
Tympanotonos margaritaceus

Muscheln (Lamellibranchiata)
Unio sp.

Fossilliste Cerithien-Schichten

Begleitfauna: Mikrofauna (Foraminiferen, Ostrakoden), Wirbeltierreste (Flossenstacheln, Schuppen, Otolithen, Zähne).

Tiere

Schnecken (Gastropoda)
Ecphora cancellata
Hydrobia sp.
Pirenella plicata intermedia
Pirenella plicata multinodosa
Potamides lamarcki
Tympanotonos submargaritaceus

Muscheln (Lamellibranchiata)
Congeria brardi
Corbicula faujasi
?Pelecyora polytropa
Mytilus faujasi
Mytilus socialis
Isognomon oblonga
Pinna sandbergeri
Pinna sp.

Säugetiere
Aceratherium lemanense

Fossilliste Corbicula-Schichten

Begleitfauna: Mikrofossilien (Foraminiferen, Ostrakoden), Schnecken (ca. 40 Arten), Muscheln, Insekten, Wirbeltiere (Fische, Reptilien, Säugetiere).
Begleitflora: u. a. Arten von Zimtbaum, Magnolie, Lorbeerbaum, Palme, Feige, Ahorn, Eiche; insgesamt ca. 50 Arten.

Tiere

Schnecken (Gastropoda)
Cepaea (Helix) alloiodes
Cepaea (Helix) rugulosa
Cepaea sp.
Ecphora cancellata
Gyraulus trochiformis applanatus
Hydrobia cf. dubuissoni
Hydrobia elongata
Hydrobia inflata
Hydrobia obtusa
Lymnaea sp.
Pirenella plicata pustulata
Tympanotonos submargaritaceus

Muscheln (Lamellibranchiata)
Congeria brardi
Corbicula faujasi
Mytilus acutirostris
Mytilus faujasi
Mytilus socialis

Fossilliste Hydrobien-Schichten

Begleitfauna: Mikrofauna (Foraminiferen, Ostrakoden), Schnecken (mehr als 50 Arten), Muscheln, Insekten-, Fisch-, Säugetierreste.
Begleitflora: Pflanzenreste in Braunkohlenlagen.

Tiere

Schnecken (Gastropoda)
Cepaea sp.
Gyraulus trochiformis applanatus
Hydrobia cf. dubuissoni
Hydrobia elongata
Hydrobia obtusa
Melanopsis fritzei
Lymnaea sp.
Potamides plicatus pustulatus
Theodoxus gregarius
Viviparus pachystomus

Muscheln (Lamellibranchiata)
Congeria brardi
Mytilus faujasi

Fische (Pisces)
Notogoneus longiceps
Perca praefluviatilis
Smerdis rhenanus
Thaumaturus rhenanus

senau aufgeschlossen ist, führt *Hydrobia inflata*, *Mytilus faujasi*, *Corbicula faujasi* und *Congeria brardi*.

Letztmalig brackische Verhältnisse zeigen die tieferen **Hydrobien-Schichten**, die nach der Schnecke *Hydrobia elongata* benannt sind. Ihre höheren Abschnitte sind meist limnisch. Das Meer zog sich nun endgültig aus dem Mainzer Becken wie auch aus dem Oberrheingraben zurück. In der Folgezeit entwickelte sich ein Flußsystem. Erst ab dem Pliozän sind im Mainzer Becken Flußablagerungen überliefert. Die **Dinotheriensande** mit ihrer reichen Säugetierfauna nehmen hier eine bevorzugte Stellung ein. Sie bilden heute die höchsten Terrassen im Nahe-Raum. Die Ur-Nahe floß damals über das Plateau beim Rheingrafenstein, der Ur-Rhein auf dem Niveau des Wißbergs nördlich Gau-Bickelheim.

Fossilliste Dinotheriensande

Wirbeltiere (Vertebrata)
Aceratherium incisivum
Brachypotherium goldfussi
Cervus cf. bertholdi
Dinotherium giganteum
Euprox furcatus
Felis antediluviana
Hipparion gracile
Mastodon austro-germanicus
Mastodon longirostris
Mastodon turicensis
Stenofiber jaegeri
Sus antiquus
Sus palaeochoerus
Tapirus priscus
Trionyx sp.
Ursavus cf. primaevus

Quartär

Die Herausbildung des heutigen Talsystems begann im Tertiär und setzte sich im Quartär fort. Bereits im Oligozän drang das Meer über vortertiär entstandene Täler zum Hunsrück vor und erreichte von dort die Niederrheinische Bucht. Aus diesem Meer, das als Vorläufer des heutigen Rheins gelten kann, ragten die Taunusquarzitrücken als Inseln heraus. Der

Im Geologischen Hunsrück-Lehrpfad Gemünden steht ein ca. 9 t schwerer Kalksteinblock aus dem Kalkwerk in Stromberg. Die für Karsterscheinungen typische unregelmäßige Oberflächenform entstand infolge Lösung des Kalkes durch Sickerwasser.

Das Mittelrheintal nördlich Bingen mit den Burgen Rheinstein (Bildmitte) und Reichenstein (halbrechts im Hintergrund).

Rhein verlegte nach dem Rückzug des Meeres seit dem Pliozän seinen Ursprung immer weiter nach Süden. Als Folge der Hebung des Rheinischen Schiefergebirges tiefte er sich kontinuierlich ein und erzeugte so mit seinen Nebenflüssen das heutige Talsystem. Seit dem Pliozän haben sich die Flüsse 200–300 m eingeschnitten. Das entspricht einer durchschnittlichen Hebung von 0,1 mm pro Jahr. Auch die Ausbildung der Karstphänomene in den Stromberger Kalken (Lösung des Kalkes durch Wasser, vor allem auf Klüften) fällt in diese Zeit. An Ablagerungen lieferte das Quartär neben Schotterterrassen auch den besonders hervorzuhebenden Löß, der die landwirtschaftliche und forstliche Ertragsfähigkeit des Nahe-Hunsrück-Raumes entscheidend verbessert hat.

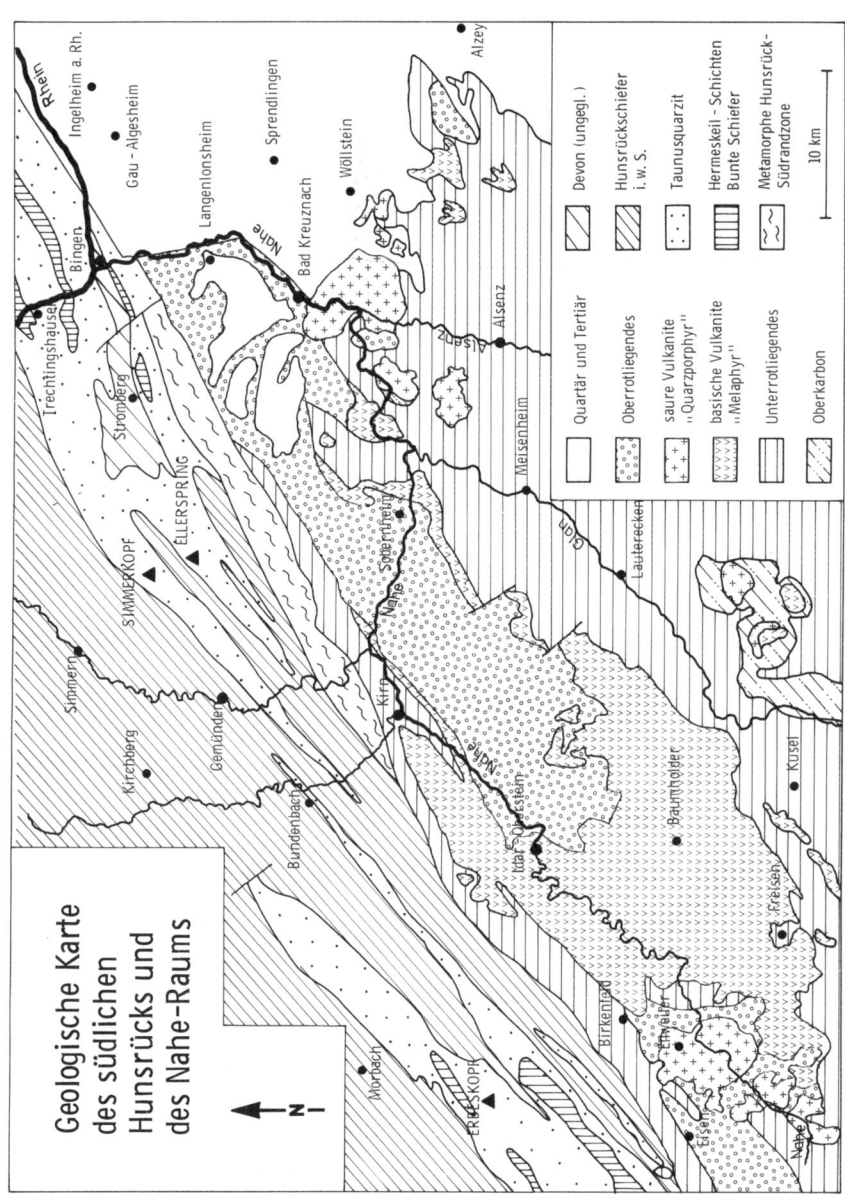

Verändert nach ATZBACH, GEIB & MITTMEYER, in: Wasserwirtschaftlicher Rahmenplan Nahe. Mainz 1976

Entstehung des Hunsrückschiefers und seiner Fossilien

„Es gibt kaum ein Formationsglied des Paläozoikums, in dem eine so bunte und interessante Fauna vorhanden wäre wie im unterdevonischen Hunsrückschiefer."

(KUTSCHER 1966, S. 28)

Die Verhältnisse, die zur Bildung des Hunsrückschiefers führten, sollen von Beginn des Unterdevons an skizziert werden. Zur Zeit des Gedinne lassen sich zwischen dem heutigen Aachen im Nordwesten und Frankfurt im Südosten zwei Schwellengebiete an den Rändern des rheinischen Beckens feststellen. Im Nordwesten lag der Old Red-Kontinent, im Südosten eine kleine „Schwelle". Beide Hochgebiete sind durch Grobsedimente und entsprechende Strömungsrichtungen belegt. Diese geographische Situation blieb im Siegen auch noch während der Ablagerung des Taunusquarzits bestehen.

Es gab also, bevor der Hunsrückschiefer abgelagert wurde, ein Becken, an das sich südlich der „Schwelle" ein tiefer gelegener Ablagerungsraum anschloß. Damit waren die entscheidenden Voraussetzungen für die Sedimentation des Hunsrückschiefers gegeben: ein marines Flachwasserbecken und in der Nähe ein Festland, der Old Red-Kontinent.

Wie ist nun der Hunsrückschiefer entstanden? Sein feinkörniges, ursprünglich zu 60–70% aus Ton bestehendes Material ist in so weiter Entfernung vom Old Red-Kontinent als Resttrübe abgelagert worden, daß nur ab und zu noch dünne, meist 1–30 cm mächtige, sandige Lagen eingeschaltet sind. Die geringe angelieferte Sedimentmenge konnte die allmähliche Beckenabsenkung nicht ausgleichen. In diesem an Kleinlebewesen sicher reichen tropischen Meer wurde im Verhältnis zur Schichtmächtigkeit viel biogenes Material abgelagert. Das verschaffte dem Hunsrück-Schiefer seinen hohen Gehalt an organischem Kohlenstoff (bis ca. 1%), auf dem die dunkle Farbe des Gesteins beruht. Hätte keine varistische Faltung stattgefunden, könnten heute Erdöl und Erdgas aus diesem Schichtpaket (Erdölmuttergestein) gewonnen werden. Durch den starken Faltungsdruck und die bei der Faltung entstehende höhere Temperatur (>250 °C) sind die Kohlenwasserstoffe „gecrackt", also in verschiedene Fraktionen aufgespalten und schließlich so verändert worden, daß sie heute in festen Kohlenwasserstoffpartikeln vorliegen.

Wie kam es nun im Hunsrückschiefermeer zur Einbettung der Lebewesen, die heute in so guter Erhaltung vorliegen?

Bei dem reichen Leben auch am Grund des Flachmeeres zur Zeit der Ablagerung des Hunsrückschiefers (Trilobiten, Seesterne,

Palaeosolaster gregoryi STÜRTZ, ein 29armiger Seestern (Sonnenstern) aus dem Hunsrückschiefer von Bundenbach. Max. Durchmesser 22 cm, Rö, ×0,9 (Slg. Karl-Geib-Museum Bad Kreuznach).

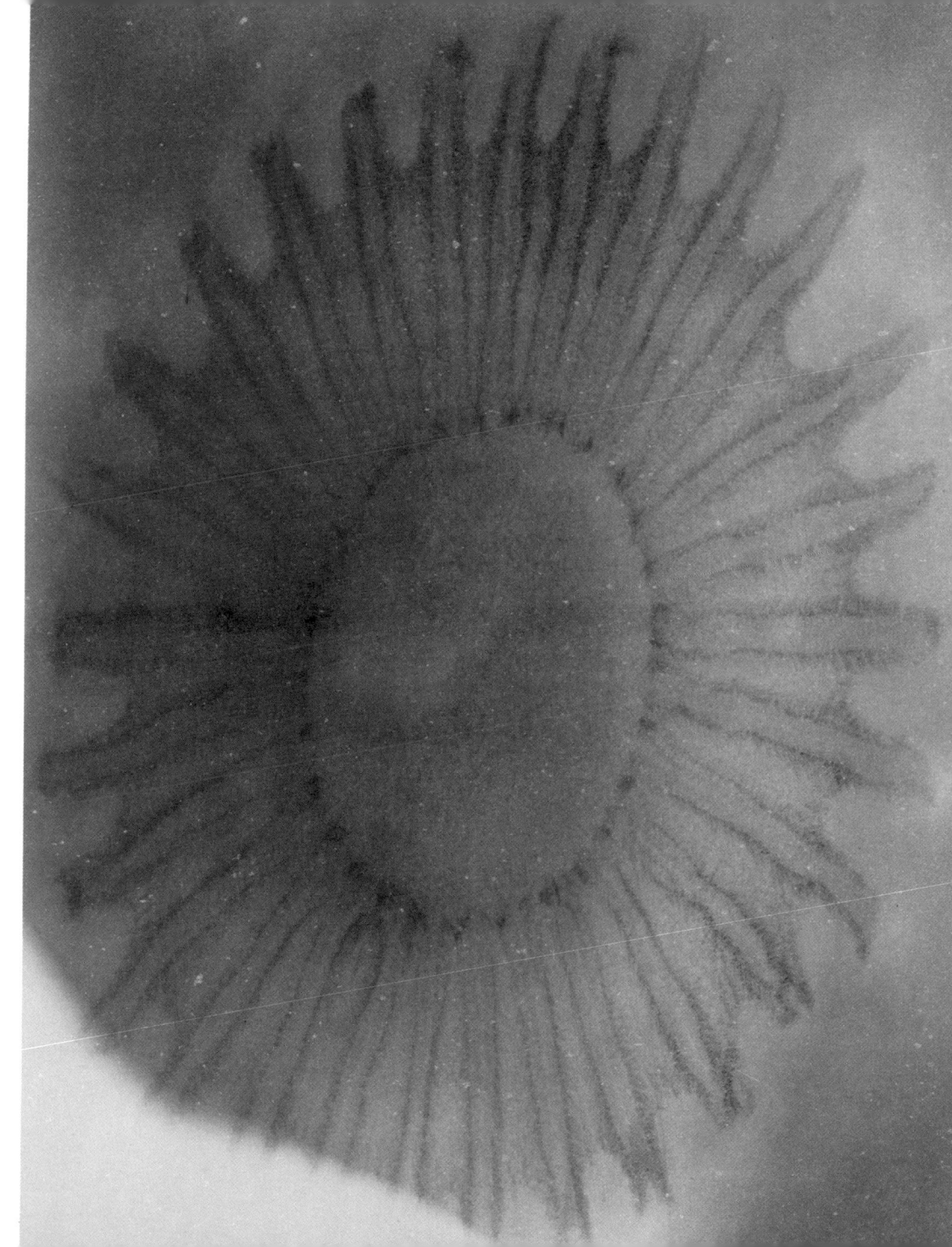

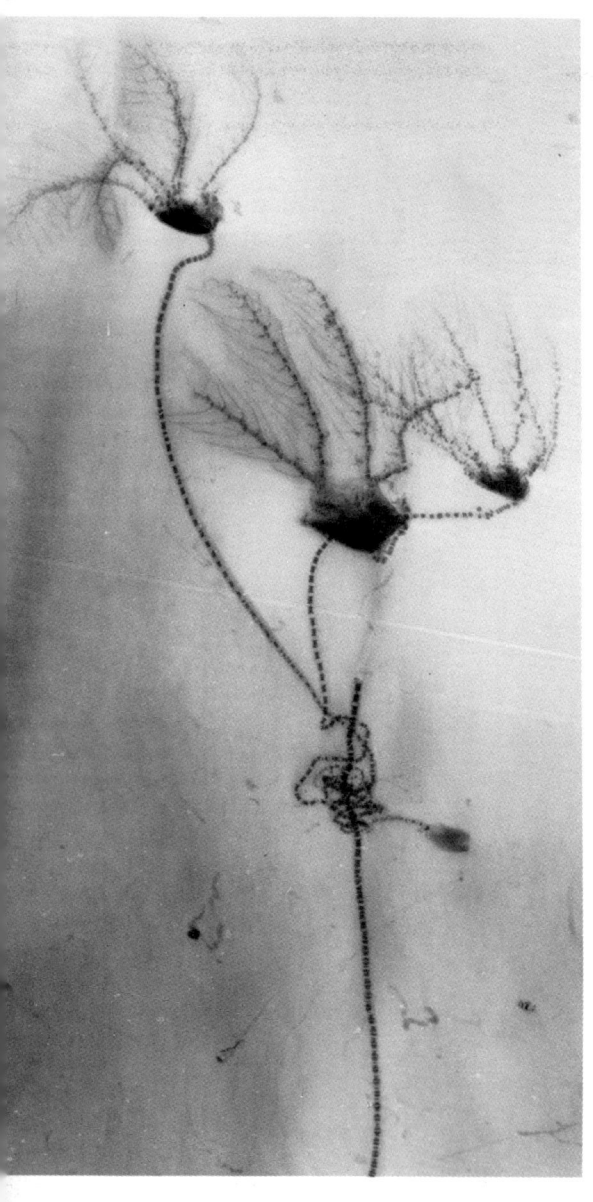

Thallocrinus hauchecornei JAEKEL, Hunsrückschiefer, Bundenbach. Rö, ×0,9 (Slg. Karl-Geib-Museum Bad Kreuznach).

Schlangensterne, Seeigel, Seelilien, „Würmer", Muscheln, Brachiopoden, Korallen) ist es kaum vorstellbar, daß generell am Meeresboden Sauerstoffmangel geherrscht haben soll. Die arten- und individuenreiche Fauna von Bundenbach und Gemünden spricht eher für hohen Sauerstoffgehalt. Niedriger Sauerstoffgehalt würde eine artenarme, aber individuenreiche Fauna erwarten lassen. Bei der Einbettung der Tiere dürften jedoch reduzierende Bedingungen vorgeherrscht haben. Während bei gyttjaartigen Verhältnissen nur unter der Grenze Meerwasser/Sediment Schwefelwasserstoff auftritt und ausschließlich dort reduzierende Bedingungen verursacht, fehlt bei einem Sapropel (Faulschlamm) der Sauerstoff auch oberhalb des Meeresbodens und sogar in Teilbereichen des Meerwassers.

Heute kann man ähnliche unterschiedliche Bedingungen in Nord- und Ostsee beobachten. Im Wattenschlick der Nordsee tritt Schwefelwasserstoff nur unter der Wasser/Sedimentgrenze auf; dagegen läßt sich dieser in der Ostsee in einigen Becken (z. B. Gotlandtief) in Wassertiefen über 100 m feststellen.

Ursache ist die unterschiedliche Durchmischung des Wassers. In der Nordsee fehlen Barrieren; wir finden ein einheitliches, $33^0/_{00}$ Salzgehalt aufweisendes, gut durchmischtes und deshalb sauerstoffreiches Wasser. In der Ostsee dagegen wird die Wasserzirkulation und damit der Gasaustausch zwischen den Wasserschichten durch deren unterschiedliches spezifisches Gewicht und eine engräumige Schwellen-Becken-Folge erschwert.

Das salzreiche Wasser (bis $20^0/_{00}$ Salz) unter

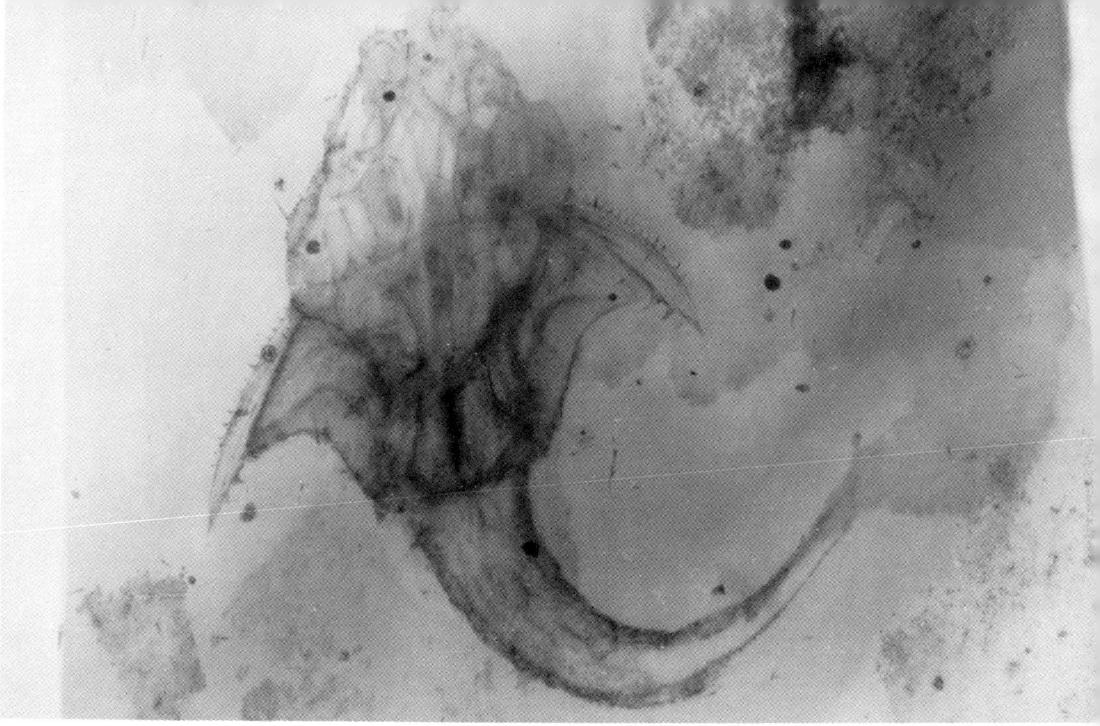

Oben: *Lunaspis heroldi* BROILI, Hunsrückschiefer, Bundenbach. Rö, ×0,85 (Slg. Karl-Geib-Museum Bad Kreuznach).

Rechts: *Asteropyge sp.,* Hunsrückschiefer, Bundenbach. Deutlich lassen sich die Umrisse des Magens im Bereich des Kopfschildes und die Füße des Trilobiten erkennen. Charakteristisch für diese Gattung sind die langen Wangen- und kurzen Randstacheln. Länge 5 cm; Rö, ×1,25 (Slg. Karl-Geib-Museum Bad Kreuznach).

dem leichteren Süßwasser kann manchmal infolge zu geringer Nachlieferung nicht durch neues, sauerstoffhaltiges Wasser ausgetauscht werden. Dies führt dazu, daß in den „Tiefs" der Sauerstoff aufgebraucht und durch Schwefelwasserstoff ersetzt wird.

Die Verhältnisse bei der Entstehung des Hunsrück-Schiefers dürften ähnlich gewesen sein.

Allerdings befand sich das Hunsrückschieferbecken nahe dem damaligen Äquator. Im Ablagerungsraum herrschten, wie die Fossilien anzeigen, marine Verhältnisse mit einem großen Nahrungsangebot. Im Nordwesten und Norden lag das Festland, im Südosten wurde das Becken durch die „Schwelle" vom offenen Ozean abgegrenzt. In diesem tropischen Flachwasserbecken konnte sich – wenigstens in Teilbereichen – infolge der hohen Wassertemperaturen und des reichen Planktons, das bei einer Überproduktion den ganzen Sauerstoff verbrauchte, ein Sauerstoffdefizit und daraus resultierend Schwefelwasserstoff-Produktion einstellen. Dem Auftreten von Schwefelwasserstoff im Meerwasser bzw. dem Zusammenbruch der Nahrungskette Plankton – Fisch folgte auch ein Massensterben der Panzerfische (u.a. *Drepanaspis gemündensis* und *Lunaspis heroldi*), die z.B. in der Kaisergrube (Gemünden) in einer Schicht erhalten sind.

Weiterhin ist denkbar, daß bei großen Unwettern vom Old Red-Kontinent, auf dem es zu dieser Zeit fast noch keine Pflanzen gab, dem Meer sehr viel Süßwasser zugeführt wurde. Das sauerstoffreiche, spezifisch leichtere Süßwasser mischte sich nicht mit dem Salzwasser und blieb an der Oberfläche. Dadurch wurde eine Zirkulation zwischen frischem Süßwasser und Salzwasser unterbunden.

In tropischen Meeren wird zudem über das ganze Jahr hinweg generell die Wasserzirkulation gehemmt, da das warme Oberflächenwasser leichter ist als das kühlere Tiefenwasser. Das Sauerstoffminimum bzw. -defizit tropischer Meere liegt in Tiefen von 100–200 m. Zusätzlich könnte zur Zeit der Ablagerung des Hunsrückschiefers nährstoffreiches Tiefenwasser aus dem südlich anschließenden Ozean die Planktonblüte gefördert haben. In den tieferen Zonen wurde der Sauerstoff aufgebraucht, und die am Meeresboden lebenden Tiere sahen sich plötzlich von schwefelwasserstoffhaltigem Wasser umgeben. Sie konnten nicht mehr flüchten. Das heißt, die Situation führte in größeren Bereichen zum Tod vieler Tiere. Damit wird auch das Massensterben der Tentakuliten verständlich, deren Reste teilweise noch durch Strömungen eingeregelt sein können.

Im Gegensatz dazu könnten auch große Vulkanausbrüche mit Tufförderung („Porphyroide") die Einbettung der Fossilien bewirkt haben. Bei diesen Ablagerungsbedingungen müßten die Fossilien heute an der Basis der sauren bis basischen Vulkangesteine zu finden sein. Obwohl die Tuffe bei Bundenbach im Komplex des fossilführenden Dachschiefers liegen, kann noch kein direkter Zusammenhang mit der Einbettung der Fossilien hergestellt werden.

Bei der Zersetzung der eingebetteten Tiere im reduzierenden Schwefelwasserstoff-Milieu reagierte Eisen (aus dem Meerwasser im Sediment) mit Eiweißschwefel zu Pyrit (= Schwefeleisen). Durch diese Pyritisierung konnten alle Einzelheiten von Tieren und Pflanzen erhalten werden, die in jüngster Zeit vor allem STÜRMER auf Röntgenaufnahmen bekanntgemacht hat. So sind manchmal Einzelaugen, Sehnerven der Facettenaugen, die Magenmuskeln (Divertikel), der Darmtrakt oder sogar die feinen Flimmerhaare der Trilobiten erhalten geblieben. Bei *Palaeoisopus* und *Mimetaster* können die einzelnen Muskeln an den Beinen festgestellt werden.

Im Gegensatz zu den anderen Fossilien sind Trilobiten nicht in jedem Fall als ganze Tiere überliefert. Diese Gliederfüßer häuteten sich im Schlamm des Meeresgrundes. Dazu benötigten sie – wie man heute weiß – einige Stunden. Dabei kam es bei *Phacops ferdinandi* zur

SALTERschen Einbettung. Beim Abstreifen des alten Panzers blieben Thorax und Pygidium in Normallage, während der Kopfschild des Trilobiten schräg davor umgekehrt abgelegt wurde. Sowohl an Exuvien (Häutungsresten) wie an körperlich erhaltenen Exemplaren beobachtet man gelegentlich eine unvollständige Pyritisierung. Der nicht pyritisierte Teil ist verkieselt. Diese Pyrit-Quarz-Grenze stellt die damalige Schwefelwasserstoff-Sauerstoff-Sprungschicht im Sediment dar. Daraus wird ersichtlich, daß nicht immer Schwefelwasserstoff im Meerwasser vorhanden war und deshalb wiederholt keine Pyritisierung erfolgte.

Aus der Schilderung des Lebensraums der mit über 200 Arten reichen Fauna wird deutlich, daß im Schelfbereich zur Zeit der Ablagerung des Hunsrückschiefers meist sauerstoffhaltiges Wasser zur Verfügung stand. Nur bei fehlender Wasserzirkulation, besonders in internen Becken oder bei Plankton-Überproduktion, konnten jene Bedingungen eintreten, denen wir die gute Fossilerhaltung im Dachschiefer von Gemünden und Bundenbach verdanken. Die Einregelung der abgestorbenen Tiere erfolgte in schwefelwasserstoffhaltigem Wasser durch Strömungen am Meeresboden.

Fossilien im Hunsrückschiefer

Die noch nicht vollständig bearbeitete Fauna und Flora des Hunsrückschiefers im Hunsrück mit bisher 63 bestimmten Formen bei den Pflanzen und 236 bestimmten Formen bei den Tieren zeichnet sich nicht nur durch hohe Artenfülle aus, sondern auch durch großen Individuenreichtum. In den einschlägigen Museen gibt es beispielsweise Schieferplatten, auf denen man über 100 Seesterne zählt. Solche Platten sind entsprechend wertvoll. Würde man eine derartige fossilreiche Schicht weiterverfolgen können, wie das im Lias von Holzmaden oder im Malm von Solnhofen möglich ist, dann erst würde das reiche Leben im Hunsrückschiefermeer dem Betrachter in seiner ganzen Fülle vor Augen treten.

Hatten die Tiere, schwimmende, kriechende oder festverankerte, ihren Lebensraum in diesem Flachmeer, so gelangten die Pflanzen nur passiv in die tieferen Bereiche dieses Meeresbeckens: Sie wurden eingeschwemmt. Zu jener Zeit besiedelte die an einen Mangroven-Wald erinnernde Flora mit Psilophyten und bärlappähnlichen Pflanzen die Sümpfe im Deltabereich, was das allmähliche Ausgreifen des Lebens auf das Land andeutet.

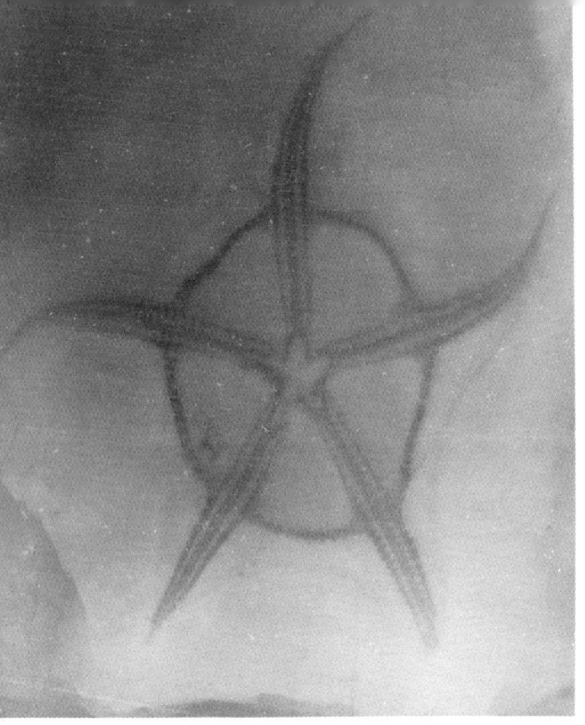

Hymenosoma opitzi LEHMANN mit deutlich sichtbarer Körperscheibe, Hunsrückschiefer, Bundenbach. Rö, × 0,5 (Slg. Karl-Geib-Museum Bad Kreuznach).

"Leitfossil", wenn auch nicht im strengen Sinne, des Hunsrückschiefers ist der **Trilobit** *Phacops ferdinandi*. Er kommt nämlich in den Ablagerungen in solchen Mengen vor, daß er als charakteristisch angesehen werden muß. Dieses häufigste Fossil des Hunsrückschiefers hat wie viele andere Formen seiner Klasse die großen Augen, die für Flachwasserverhältnisse bis 200 m typisch sind. Bei Trilobiten, die in größerer Wassertiefe leben, sind die Augen kleiner. Ebenfalls seinen Lebensraum in flacherem Wasser hatte der bis ca. 20 cm groß werdende *Homalonotus*. Er tritt stärker am Rhein (Grube Rhein/Bacharach) auf.

Als besonders „merkwürdiger" Vertreter der Arthropoden sei hier der „Scheinstern" *Mimetaster hexagonalis* hervorgehoben, den die Schieferarbeiter auch als „Spinne" bezeichnen. Er hat einen an Leuchttürme erinnernden Sehapparat: zwei Stielaugen, die am Ende von bis 1 cm langen Stielen als keulenförmige Verdickung sitzen, und einen Rückenschild mit 6 seitlichen „Dornen".

Zu den schönsten Fossilien im Hunsrückschiefer gehören unbestritten **Seelilien** und **Seesterne**. Sie sind zu ca. 90 % von Wasserströmungen eingeregelt überliefert. Bei den Seelilien läßt sich dabei auch Strömung und Gegenströmung feststellen, da bei einigen Exemplaren nach der Einregelung durch eine Gegenströmung die Arme auseinandergetrieben worden sind. In Gemünden findet sich vor allem die Form *Triacrinus,* nach ihrem Aussehen „Besen" genannt. Diese grazile Art dürfte typisch für wenig bewegtes und tieferes Wasser sein. Als eine der schönsten Seelilien kann *Acanthocrinus lingenbachensis* bezeichnet werden. Auf Röntgenaufnahmen hat man den Eindruck, als ob sie sich noch immer in der Strömung des Meeres wiege. Die gestielten Seelilien, die im Paläozoikum Flachwasserbereiche besiedelten, verankerten sich zur Zeit der Ablagerung des Hunsrückschiefers vorwiegend mit Zirren („Wurzelwerk") auf Muscheln, Goniatitenschalen oder im weichen Untergrund.

Cystoideen und **Blastoideen**, Formen, die im Aufbau den Seelilien ähnlich sind, waren Schelfmeerbewohner.

Seesterne und **Schlangensterne** sind bisher mit 50 Arten nachgewiesen. Im Gegensatz zu den Seesternen besitzen die Schlangensterne eine Körperscheibe, die deutlich von den dünnen Armen abgegrenzt ist. Bei einigen Exemplaren kann Regeneration verletzter Arme nachgewiesen werden. Individuen mit vermehrter

Oben: *Phacops ferdinandi* KAYSER, Hunsrückschiefer, Rudolfshaus; Länge 8,5 cm, Oberflächenaufnahme (Slg. Kneidl).

Rechts: *Mimetaster hexagonalis* (GÜRICH). Das Fossil ist noch nicht präpariert. Hunsrückschiefer, Bundenbach; größter Durchmesser 5 cm, Oberflächenaufnahme (Slg. Hans Theis, Bundenbach).

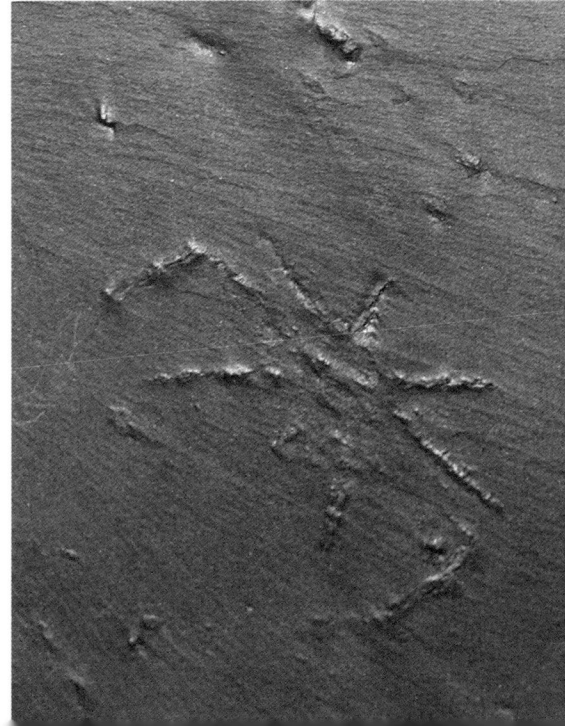

oder verringerter Armzahl (normalerweise 5 Arme) sind als Abnormitäten zu vermerken. Bei beiden Fossilgruppen gibt es jedoch auch Formen (u. a. Sonnensterne) mit 10–30 Armen.

Unter den bisher gefundenen **Seeigeln** liegen vollständig erhaltene Exemplare mit Stacheln vor. Daraus läßt sich folgern, daß die Einbettung dieser Tiere im Stillwasser geschah.

Die **Muscheln** können gelegentlich ganze Schichtflächen überziehen, kommen jedoch

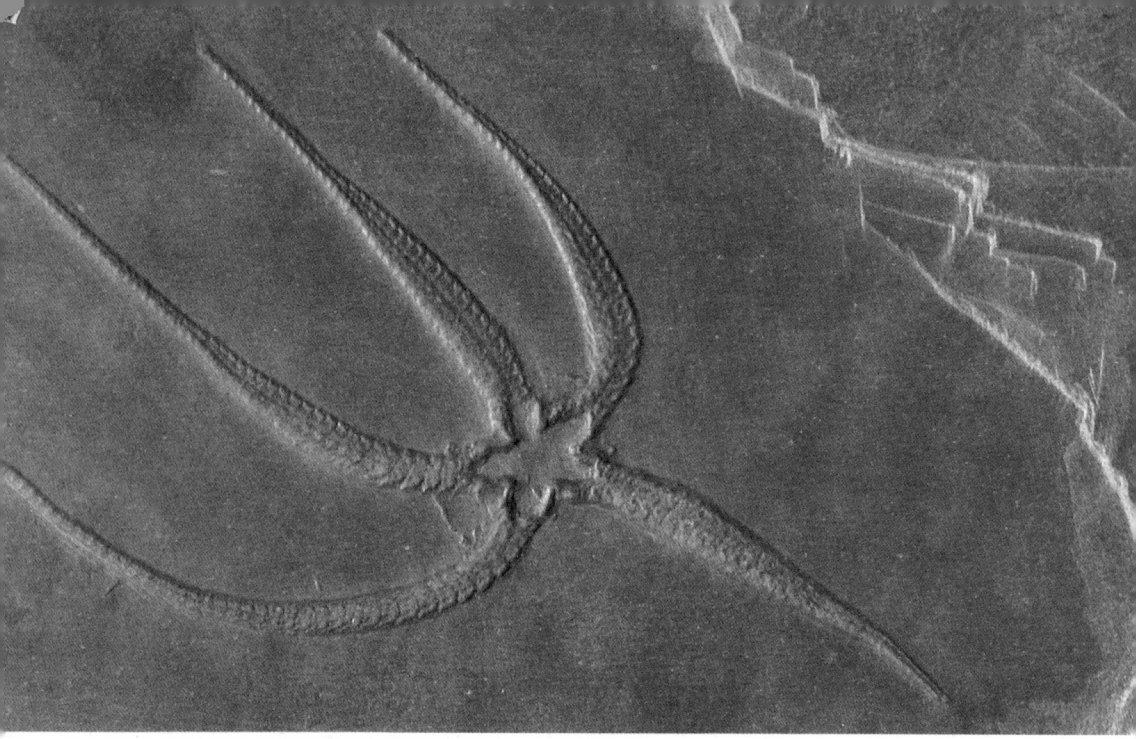

Furcaster palaeozoicus STÜRTZ, Hunsrückschiefer, Bundenbach; Länge 9 cm. Von der Körperscheibe des Schlangensterns ist nur noch wenig zu erkennen. Der größte Teil wurde wegpräpariert. Oberflächenaufnahme (Slg. Karl-Geib-Museum Bad Kreuznach).

häufig einzeln eingebettet vor. Neben sehr großen finden sich auch kleinwüchsige Formen (*Cardiola, Buchiola, Ctenodonta, Puella*).
Brachiopoden (Armfüßer), die im Gegensatz zu den Muscheln zwei ungleich große Schalen aufweisen, kommen selten vor, sind aber dennoch wichtig. Die Spiriferen sind im Unterdevon Leitfossilien und ermöglichen stratigraphische Einstufungen.
Leitfossilien des Hunsrückschiefers sind auch **Goniatiten** und **Tentakuliten** (Nowakien). Es ist daher äußerst wichtig, ihren Fundort genau festzuhalten. Leider fehlen in älteren Arbeiten generell präzise Angaben über die Herkunft der Fossilien. Goniatiten und Tentakuliten haben sich im Hunsrückschiefermeer besonders reich entfaltet. Im Unterdevon entwickeln sich aus den geraden Orthoceraten die eingerollten Goniatiten. Die Entwicklung läßt sich nachvollziehen, weil wir die verschiedenen Übergangsstadien kennen. Die „Sechser", wie die Goniatiten bei den Schieferarbeitern heißen, sind häufig kaum pyritisiert. Die nur einige Millimeter großen Tentakuliten, bei denen durch Röntgenaufnahmen Fangarme nachgewiesen werden konnten (STÜRMER), gehören wie die Goniatiten zu den „Tintenfischen" (Kopffüßer).
Die **Korallen**, von denen vor allem *Pleurodictyum problematicum,* ein Korallenstock mit S-förmigem, symbiontischem Wurm, und die solitäre „*Zaphrentis*" auftreten, benötigten

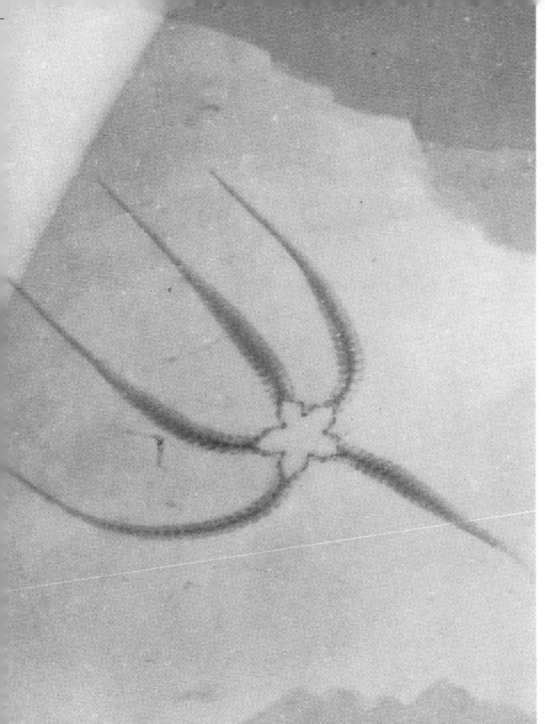
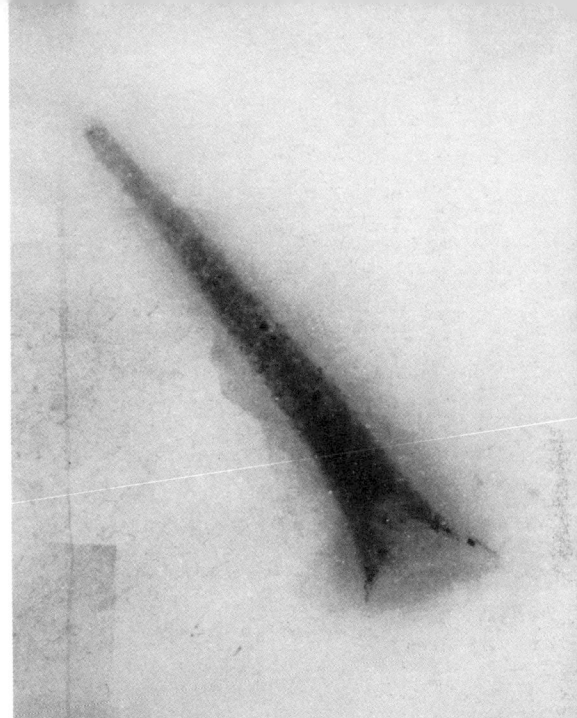

Oben: *Furcaster palaeozoicus* STÜRTZ. Ein Arm des Schlangensterns ist gegen die Strömung gerichtet („vierzinkige Gabellage"). Rö, ×0,8.

Rechts oben: *Orthoceras sp.*, Hunsrückschiefer, Gemünden; Länge 7,5 cm. Rö, ×1 (Privatsammlung).

Rechts unten: *Anetoceras arduennense* (STEININGER), Hunsrückschiefer, Bundenbach. Durchmesser 10 cm; Rö, ×0,85 (Slg. Karl-Geib-Museum Bad Kreuznach).

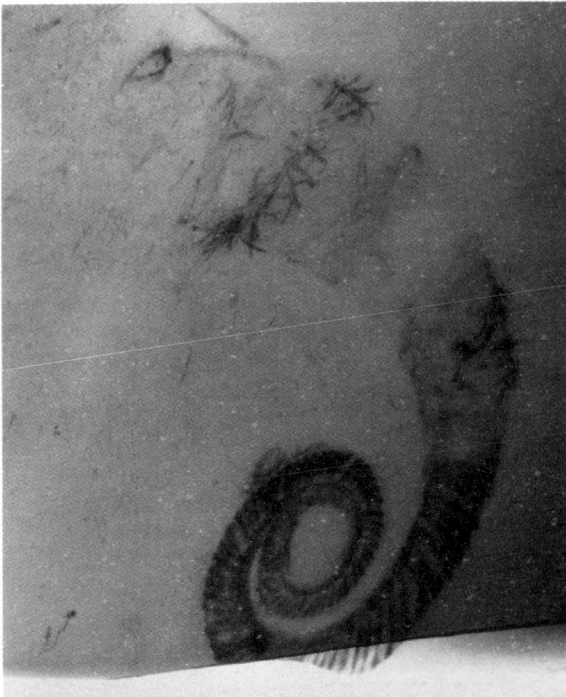

zum Gedeihen sehr sauberes Wasser mit einem Salzgehalt von mehr als 30 $^0/_{00}$.
Berühmte Fossilien des Hunsrückschiefers sind auch die **Conularien**, besonders seltene „Kegeltiere" (Hohltiere). Man unterscheidet die einzelnen Formen durch die feine Zeichnung auf den vier Außenwänden.
Die ersten **„Fische"**, die vor fast 100 Jahren

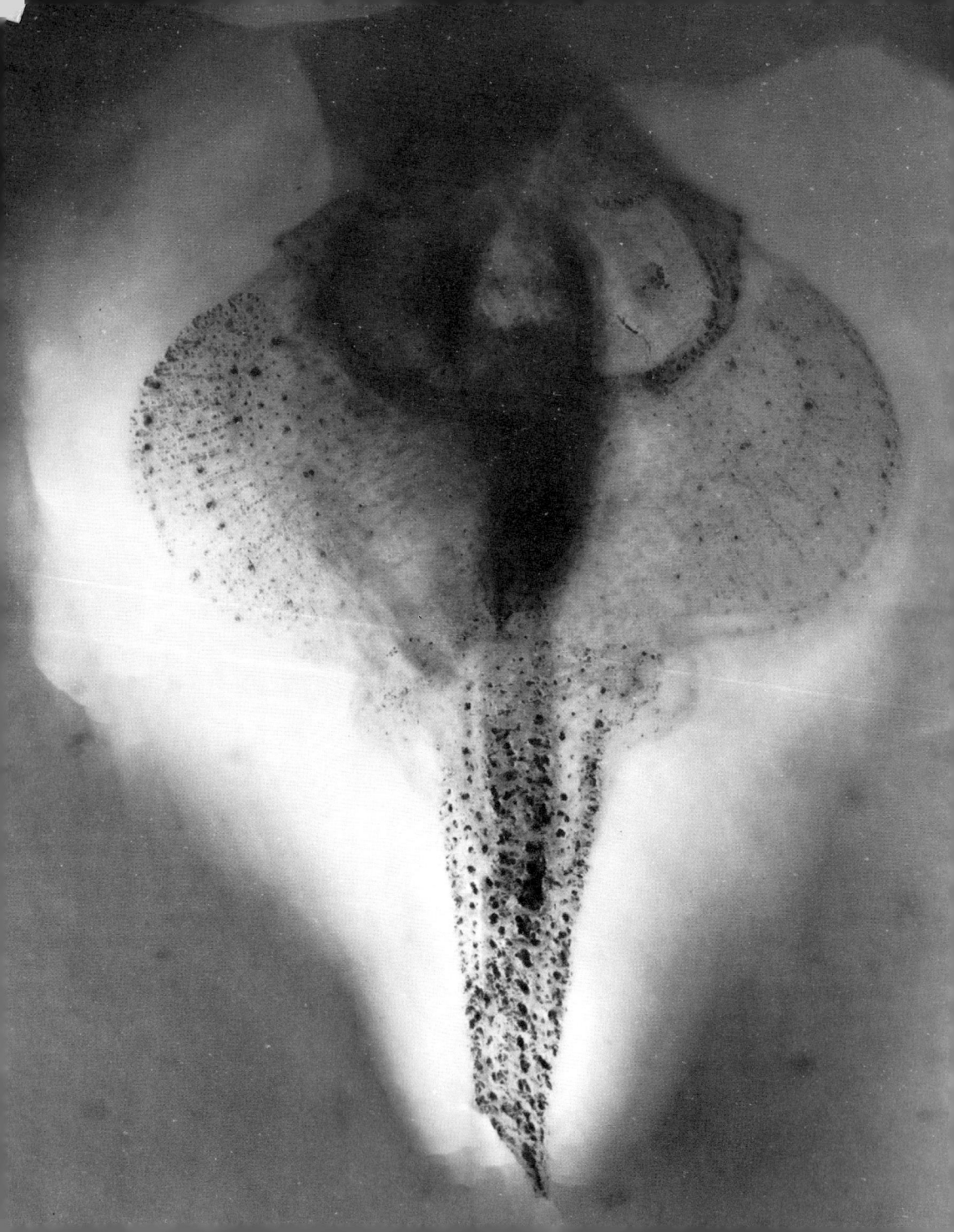

Gemündina stürtzi TRAQUAIR, Hunsrückschiefer, Gemünden. Rö, ×1 (Slg. Karl-Geib-Museum Bad Kreuznach).

Gemünden berühmt gemacht haben (vgl. Namen der Fische), wurden in der Kaisergrube gefunden. Dort tritt *Drepanaspis gemündensis* in einem Horizont massiert auf („Fischschiefer"). Die „Fische" im Hunsrückschiefer lassen sich in drei Klassen unterteilen: kieferlose Fische (u. a. *Drepanaspis*), Panzerfische (*Arthrodira, Rhenanida*) und Knochenfische. Letztere sind besonders interessant, da sie den Nachweis für Lungenfische erbringen. Die Lungenfische besitzen ihren Lebensraum seit dem ersten Auftreten im Süßwasser, kommen aber im Devon auch in Randmeeren vor. Sie begannen ihre Entwicklung in den Flüssen und Seen des Old Red-Kontinents.

Präparation von Hunsrückschiefer-Fossilien

1972 stellte BRASSEL im „Kosmos" die wesentlichen Aspekte der Präparation von „Fossilien in Schieferplatten" dar. Die Präparation entscheidet, ob ein Fossil mit allen Einzelheiten vom umgebenden Gestein befreit wird. Dazu bedarf man einiger Hilfsmittel. Wichtig ist vor allem eine Röntgenaufnahme, um vor der Freilegung des Fossils seine genaue Lage im Gestein festzustellen und so Beschädigungen bei der Präparation zu vermeiden.
Sie wird allerdings meist fehlen, denn leider können Röntgenfotos nicht im nächsten Fotogeschäft hergestellt werden. Über die nötigen Einrichtungen verfügen geologische Institute und Personen, die sich mit solchen Gesteinen und Methoden beschäftigen.
Welches Filmmaterial man für die Röntgenaufnahmen wählt, hängt von der gewünschten

Seite 78/79

Links oben: ?*Thallocrinus procerus* W. E. SCHMIDT, eine feingliedrige Seelilienart. Die Fangarme (Pinnulae) sind wie die Arme (Brachia) zum Zentrum der Krone gerichtet. Die zarte Form deutet auf einen Lebensbereich im Stillwasser hin. Hunsrückschiefer, Bundenbach. Rö, ×0,7 (Slg. Hans Theis, Bundenbach).

Links unten: Oberflächenaufnahme der Schieferplatte vor der Präparation. Die drei großen Seelilien lassen sich verhältnismäßig deutlich erkennen, während die beiden kleineren Formen nur im Röntgenbild zu sehen sind.

Rechts oben: Anpräparierte Seelilien.

Rechts unten: Präparierte Seelilienplatte (Präparation: Hans Theis, Bundenbach).

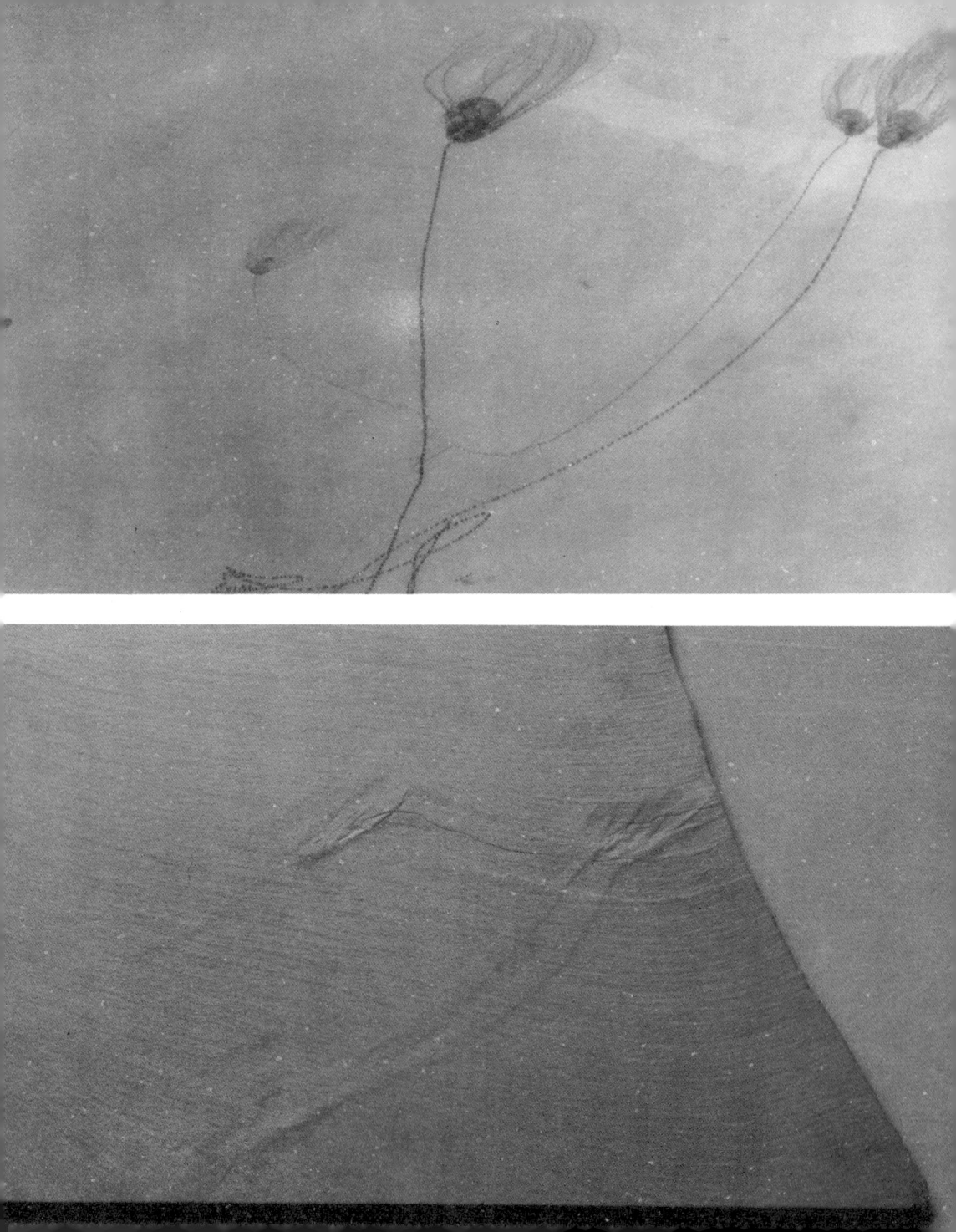

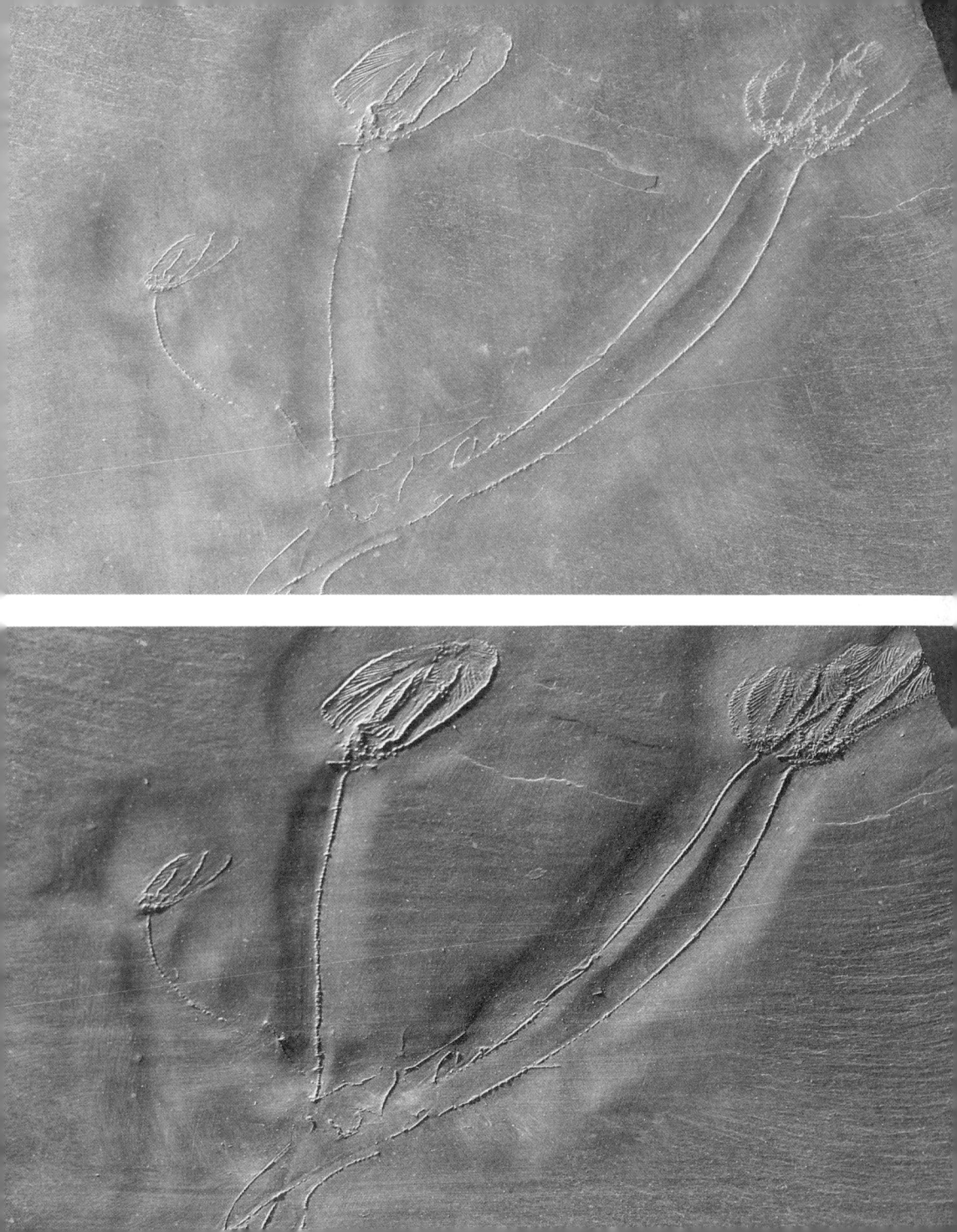

Bildqualität (einschließlich Bildauflösung) ab. Die Strahlungsintensität richtet sich nach der Stärke der Schieferplatte und dem Grad der Pyritisierung der Fossilien. Die Röntgenstrahlung durchdringt den Pyrit schlechter als den Schiefer. Je intensiver die Pyritisierung ist, desto größer wird der für die Qualität der Röntgenaufnahmen ausschlaggebende Kontrast zum umgebenden Gestein. Folgende Werte für Röntgenaufnahmen sollen einen Anhaltspunkt geben: 30–90 kV, 50–1000 mAS, FFA 50 cm. Bei größerem Film-Focus-Abstand (FFA) ist mit stärkerer Strahlung bzw. längeren Belichtungszeiten zu arbeiten.

Der Pyrit liegt meist als mehr oder weniger dünne Haut über dem Fossil; eine vollständige Pyritisierung des Fossils findet sich seltener. Rings um die Versteinerungen ist der Hunsrückschiefer infolge stärkerer Verkieselung härter. Kalkerhaltung allein oder neben Pyrit tritt nicht allzu häufig auf (Grube Altlayenkaul bei Rudolfshaus).

Versteinerungen geben sich dem Hunsrückschiefer-Spezialisten als leichte Erhebungen auf der Schieferplatte zu erkennen. Er weiß sie auch relativ sicher von unregelmäßigen Oberflächenstrukturen, den Strömungsmarken (Fließ-, Kolk- und Schleifmarken), zu unterscheiden, die das Wasser im Ausgangsmaterial des Tonschiefers erzeugt hat. Die Fossilien liegen normalerweise in der Schichtung. Die Schieferplatten spalten jedoch parallel zur Schieferung auf, die dem Gestein bei der Faltung aufgeprägt wurde. Demzufolge werden beim Spalten die schräg zur Schieferung liegenden Fossilien unvollständig freigelegt oder in zwei Hälften geteilt. Die Erhaltung der Pflanzen und Tiere ist im Plattenstein besser als im Krappstein, weil die Fossilien im ersten Fall keine Verzerrung durch den Schieferungsvorgang erfahren haben.

Wer ohne Röntgenaufnahme präpariert, muß, will er Beschädigungen des Fossils vermeiden, dessen Lage erahnen, vor allem wenn er ein verzweigtes oder sehr fein gebautes Exemplar vorliegen hat. Die Details der abgebildeten Seelilien beispielsweise sind so zart, daß Präparierfehler Einzelheiten unwiederbringlich zerstören. Stiel oder Feinheiten in der Krone sind schneller verloren, als man glauben möchte. Je sorgfältiger die Arbeit, desto wertvoller dann das fertige Stück. Die besten Ergebnisse erhält man unter Verwendung von Schabern und feinen Nadeln. Hammer und Meißel sind für die Präparation im Hunsrückschiefer untauglich. Viele Sammler verwenden auch Metallbürsten, die aber nur zur Vorpräparation zu empfehlen und generell vorsichtig einzusetzen sind. Auch sollte man unter dem Binokular präparieren, um alle Oberflächenstrukturen, die für eine Artbestimmung wichtig sein könnten, erkennen und so erhalten zu können.

Als Grundsatz für das Präparieren gilt: Je geduldiger der Präparator, desto besser das Resultat!

Schieferabbau im Wandel der Zeiten

Die Römer haben schon um die Zeitenwende, also sehr bald im Verlauf ihrer Herrschaft über den Hunsrück, Dachschiefer verwendet. Das weiß man von Funden in Koblenz, bei Idar-Oberstein, Elzerath/Hunsrück, Hinzenburg (Kreis Trier) und Ausgrabungen römischer Gutshöfe bei Raversbeuren (Kreis Zell), Tiefenbach (Kreis Simmern) und Weitersbach (Kreis Bernkastel): Man fand Dachschiefer mit Nagellöchern.

Ein weiterer Beweis für Schieferabbau durch die Römer scheinen die „Treppenschächte" zu sein, die im orientalischen, griechischen und römischen Bergbau üblich waren. In der Grube Altlayenkaul (Rudolfshaus bei Bundenbach) und im Wilhelm-Erb-Stollen (Kaub) existieren nach ROSENBERGER solche Treppenschächte. Sie sind aber heute nicht mehr begehbar. Nach Auskunft von alten Grubenarbeitern soll es einen solchen unterirdischen Gang auch in Gemünden geben. Treppenschächte legte man an, um das gewonnene Material „fördern" zu können. Im Altertum mußte der Schiefer aus den Stollen herausge-

Schloß Gemünden. Das viertürmige Schloß überragt die alten, schiefergedeckten Häuser des Ortes.

tragen werden, wobei die „Leyenbrecher" in gebückter Haltung mit den zentnerschweren Blöcken Steigungen von 30°–45° zu bewältigen hatten! Eine heute undenkbare Arbeit.
Einen Treppenschacht gibt es ebenfalls im Quecksilberbergwerk am Lemberg bei Bad Münster a. St. Da am Lemberg außerdem das Halbrelief eines römischen „Schlägelgottes" gefunden wurde, ist der Beleg für einen sehr frühen unterirdischen Abbau wohl eindeutig; er wird an der Saar und in der Eifel auch durch Inschriften bezeugt.
Für Burgen und Kirchen im frühen Mittelalter wurde offensichtlich die Schieferbedachung von den Römern übernommen. Treppenschächte kennt man zu dieser Zeit nicht mehr. Die Burgen wurden anfangs mit sehr dicken Platten gedeckt. Der Schieferabbau erfolgte damals in „Feldarbeit" (neben den Feldern) von höher gelegenen Stellen über Tage, also in Steinbrüchen, wohl ähnlich dem alten und bisher nicht datierbaren, stufenförmigen „Schieferbruch" in der Kaisergrube (Gemünden), der 1969 wieder freigelegt wurde. Dabei ist zu bedenken, daß bei der Freilegung (für wissenschaftliche Studien) des bis zu diesem Zeitpunkt unbekannten Tagebaus eine teilweise über 3 m mächtige Deckschicht aus Lehm abgetragen werden mußte. Da nichts über diesen alten Abbau überliefert ist, erscheint es möglich, daß hier ein älterer, vielleicht sogar ein römischer Tagebau vorliegt. Bei Bundenbach gibt es wohl mehrere solcher alten Brüche, die später mit Schieferschutt aufgefüllt wurden. In der Bergmannssprache heißen sie heute noch „Alter Mann". Bald merkten unsere Vorfahren, daß sich der Schiefer mit dem weiteren Vordringen in den Berg und der infolgedessen zunehmenden Feuchtigkeit immer besser spalten ließ. Es konnten dünnere Platten gewonnen und die Dächer so mit leichterem Material gedeckt werden. Auch die Farbe verrät, wo der Schiefer abgebaut wurde. Die dickeren Platten, gewonnen im Gestein nahe oder in der Verwitterungszone, besitzen einen gelblichen Farbeinschlag, während der nicht veränderte, dünne Schiefer, der in Stollen gefördert wurde, blaugrau bis dunkelgrau gefärbt ist.
Die ältesten Dachschiefergruben des Mittelalters (11. Jh.) kennt man aus Belg nordwestlich Kirchberg. 1396 besaßen die „Leyendekker" in Trier eine so große Bedeutung, daß sie sich zu einer eigenen Zunft zusammenschließen konnten. Während an der Mosel bereits 1515 Strohdächer verboten wurden, war im Fürstentum Birkenfeld 1826 noch über ein Viertel der bewohnten Häuser mit Stroh gedeckt.
Die bisher ältesten urkundlich nachgewiesenen Schiefertagebaue bei Gemünden bestan-

Schieferverkleidung und -verzierung einer Hauswand in Ravengiersburg.

den schon um die Mitte des 16. Jahrhunderts. Sie lagen in ca. 5 km Entfernung vom Ort bei Mengerschied. 1776 erwähnt der Mineraloge Johann Jacob FERBER Schieferbrüche bei Fischbach. Sie dürften aber wahrscheinlich nördlich Herrstein gelegen haben, da erst dort Schiefer vorkommt. Um 1840 exportierten die Gruben in Bundenbach, Herrstein und Kirschweiler in die Pfalz und über Mosel und Rhein bis an die Nordsee. 1865 wurden im Fürstentum Birkenfeld 32 Schieferabbaue genannt. Von 28 in Betrieb stehenden Gruben lagen 21 (also 75%) im Bereich Bundenbach. Damals besaß selbst der kleine Ort Mengerschied 14 Schiefergruben.

Spätestens im 19. Jahrhundert wurde der Schiefer in den großen Gruben (Kaisergrube, Schmiedenberg, Herrenberg, Eschenbach, Altlayenkaul, Gute Hoffnung) unter Tage abgebaut. Kleinere Versuchsgruben bzw. -stollen wurden auch noch in der ersten Hälfte des 20. Jahrhunderts angelegt; wirtschaftlicher Erfolg war keiner beschieden. Eine alte Hunsrücker Schieferbergbauregel besagt, daß ein Schiefer-„Lager" mindestens eine Mächtigkeit von 3 m aufweisen muß, um abbauwürdig zu sein.

Im gesamten Abbaugebiet zwischen Mengerschied, Gemünden, Oberkirn, Rhaunen, Bundenbach und dem Fischbachtal lag die von rund 300 Beschäftigten produzierte Fördermenge 1922 bei 4000 t jährlich.

1939 waren linksrheinisch noch 22 Dachschiefergruben in Betrieb: Schielenberg (Breitenthal), Altlayenkaul (Rudolfshaus), Hippelau, Eschenbach, Bocksberg, Herrenberg, Schmiedenberg, Wolfshell (alle Bundenbach), Abendstern und Lingenbach (Rhaunen), Kammersberg (Woppenroth), Meizenrech (Hausen), Hitler und Karschheck (Oberkirn), Allern (Lindenschied), Brautberg (Würrich),

Tagebau der Grube Eschenbach bei Bundenbach.

Bonnenberg (Belg), Gute Hoffnung (Hahn), Kaisergrube und Neue Hoffnung (Gemünden), Deufenbach I (Kellenbach) und Nauheim (Steeg).

Nach dem 2. Weltkrieg entstand eine Vielzahl von Kleinstbetrieben, das Grundübel der Hunsrücker Schieferindustrie. Noch dazu kamen gerade in dieser Zeit viele neue Baustoffe auf den Markt und ersetzten den Schiefer. Dies führte bald zur Schließung dieser kleinen Gruben. 1957 förderten nur noch 16 Gruben; sie beschäftigten noch ca. 200 Arbeiter, die eine Jahresproduktion von ca. 8400 t erbrachten. Davon lieferten die wichtigsten Bundenbacher Gruben ungefähr folgende Mengen: Altlayenkaul 1100 t, Frühberg 540 t, Herrenberg 400 t, Schmiedenberg 400 t und Eschenbach-Bocksberg 350 t.

In den 60er Jahren stellte der Großteil auch dieser noch fördernden Gruben den Betrieb ein. Bergwerksunglücke führten aus Sicherheitsgründen zur Schließung der Kaisergrube (1961) und der Grube Altlayenkaul (1979). Als einziger Untertageabbau fördert heute noch die Grube Rhein bei Bacharach.

Neuerdings scheint wieder der Tagebau am ehesten rentabel zu sein, da das einzige in der Umgebung von Bundenbach und Gemünden noch produzierende Schieferbergwerk (neben dem Besucherbergwerk Herrenberg) der Tagebau in der Grube Eschenbach ist. Dort können maschinell größere Mengen wertvollen Schiefers gewonnen werden, was unter Tage nur mit einem sehr hohen, folglich kostenintensiven Sicherheitsaufwand möglich wäre.

Die Rotliegend-Achate und ihre Bildung

Die Entstehung der Achatdrusen ist mit der Bildung der großen Lavadecken zur Zeit des Oberen Rotliegenden (Nahe-Gruppe) verbunden. Sie finden sich vor allem dort, wo die Melaphyre – sie haben eine Gesamtmächtigkeit bis ca. 800 m – großflächig auftreten. Drusen bzw. Mandeln sind ein Indiz für einen hohen Anteil an flüchtigen Bestandteilen in Vulkangesteinen, die nach der Erstarrung der abgekühlten Lavahaut nicht mehr entweichen konnten. Unter dieser Kruste blieb die Lava noch eine Zeitlang flüssig. Deshalb konnten sich aufsteigende Gasblasen vereinigen und größere Hohlräume schaffen; man kennt solche mit bis 2 m Durchmesser.

Neue Lavaströme, in denen wieder Achatmandeln entstehen konnten, brachten Wasserdampf mit. Er drang über Spalten und Klüfte in die blasenreichen Lagen ein. Dabei veränderte er auch die Mineralzusammensetzung des angrenzenden Gesteins. Gelangt

Rechts oben: Achatdruse, in der nacheinander Calcit, Achat und Bergkristall entstanden sind (Breite der Druse 14 cm). Fundgebiet Freisen (Privatsammlung).

Rechts: Stark gebänderter Achat (Breite 21 cm). Fundgebiet Freisen (Slg. Museum Idar-Oberstein unterhalb der Felsenkirche).

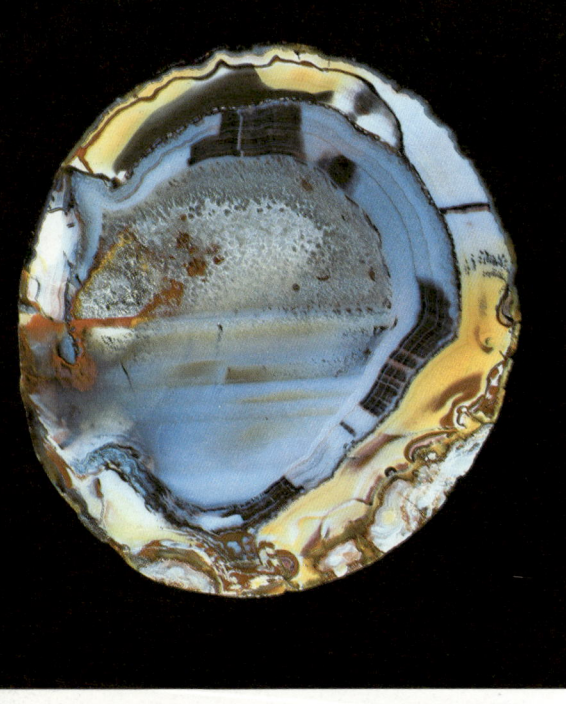

Links: Mehrfarbiger Achat, z. T. als Uruguay-Typ ausgebildet (Höhe 10 cm). Die ursprüngliche Lage der Mandel im Muttergestein kann mit den Achatlagen vom Uruguay-Typ (in der unteren Hälfte der Druse) rekonstruiert werden. Fundgebiet Freisen (Slg. Museum Idar-Oberstein unterhalb der Felsenkirche).

Unten: Typisches Farbenspiel von Achat aus dem Fundgebiet Freisen (Höhe 7 cm) (Privatsammlung).

Wasserdampf in einen Hohlraum, werden bei seiner Abkühlung die gelösten Mineralien ausgefällt. Die Auskristallisation erfolgt in der unten beschriebenen Reihenfolge. Wasserdampf kann auch durch Fumarolen und Thermen zugeführt werden. Die Temperaturen der zirkulierenden Lösungen liegen zwischen 1000 °C und 100 °C. Die Abscheidung des Achats erfolgte unter 400 °C im hydrothermalen Temperaturbereich (bis ca. 50 °C).

Achat ist chemisch SiO_2, also eine Quarzvarietät. Bei den Achatmandeln erkennt man schichtige Absätze, d. h. aufeinanderfolgende Lagen, die im wesentlichen aus Chalcedon bestehen. Dieser bildet sich durch krypto- bis mikrokristallines Faserwachstum aus Kieselgelen. Die einzelnen Lagen unterscheiden sich in der Art der Chalcedonfasern, in der Dicke und in ihren Mineralbeimengungen, die die unterschiedlichsten Farben hervorzaubern können. Aber auch Spurenelemente und Fehler im Gitterbau des Chalcedons können Farbveränderungen hervorrufen sowie Pigmente, die über feine Risse in die Lagen eindringen. Achate vom Uruguay-Typ entstehen als ebenflächige und parallele Schichten am Boden der Mandel.

Die erste und damit älteste Ausscheidung in Achatdrusen ist Delessit, ein Chlorit, der durch seine grüne Farbe auffällt (nicht mit Malachit verwechseln!) und als dünne Haut an der Innenseite erscheint. Ebenfalls vor der Bildung des Achats treten manchmal kleine Kristalle von Baryt, Calcit, Eisenglanz, Goethit und Zeolith auf, die später meist pseudomorph von Kieselsäure verdrängt werden. Danach lagert sich Chalcedon in der charakteristischen Bänderung, die ihn zum Achat macht, parallel zur Wand der Mandel ab. Nach einer Unterbrechung der Lösungszufuhr entsteht eine neue Lage. Schließlich können größere Quarzkristalle (Amethyst, Rauchquarz) und wie vorher Calcit, Schwerspat, Hämatit und Zeolithe auskristallisieren und in den freien Innenraum hineinwachsen.

Jaspis, der an verschiedenen Fundstellen neben Achat auftritt, ist mineralogisch Chalcedon, SiO_2, weist aber beträchtliche Beimengungen anderer Mineralien (bis 20 %) auf und zeigt sich im Gegensatz zum durchscheinenden Achat undurchsichtig. Es sind die Beimengungen, die die meist gelbe, braune oder rote Farbe bewirken. Das Vorkommen von Jaspis ist häufig an Verkieselungsbereiche des Vulkangesteins gebunden. Auf feinen Klüften können bei vulkanischer Tätigkeit heiße Lösungen zirkulieren. Deshalb erhält der Jaspis im Gegensatz zum Achat eine völlig unregelmäßige Struktur.

Äußerst selten finden sich **Enhydros**, geschlossene Achatmandeln, die im Kern noch mit Flüssigkeit gefüllt sind.

Die Achate von Idar-Oberstein erscheinen sehr vielfältig. Trotz des geläufigen Namens „Achat von Idar-Oberstein" sind die Fundstellen nicht nur auf diesen Ort beschränkt, sondern folgen den Melaphyren im Saar-Nahe-Raum. Orte wie Freisen, Dienstweiler, Niederwörresbach, Rockenhausen, Oberthal (Leißberg) sprechen für sich. Ihre Achate weisen eine Vielfalt in Ausbildung und Farbe auf, wie sie größer kaum sein kann. Jeder Fundort besitzt seinen eigenen, örtlichen Achat-Typ. Ein richtiger Achatsammler kann auf Anhieb vom Typ her auf den Fundort schließen. So sind die Göttschieder Achate braunrot, die

Jaspis, auf einer Kluft im Melaphyr ausgefällt (Bildhöhe 12 cm). Steinkaulenberg/Idar-Oberstein (Slg. Dröschel, Idar-Oberstein).

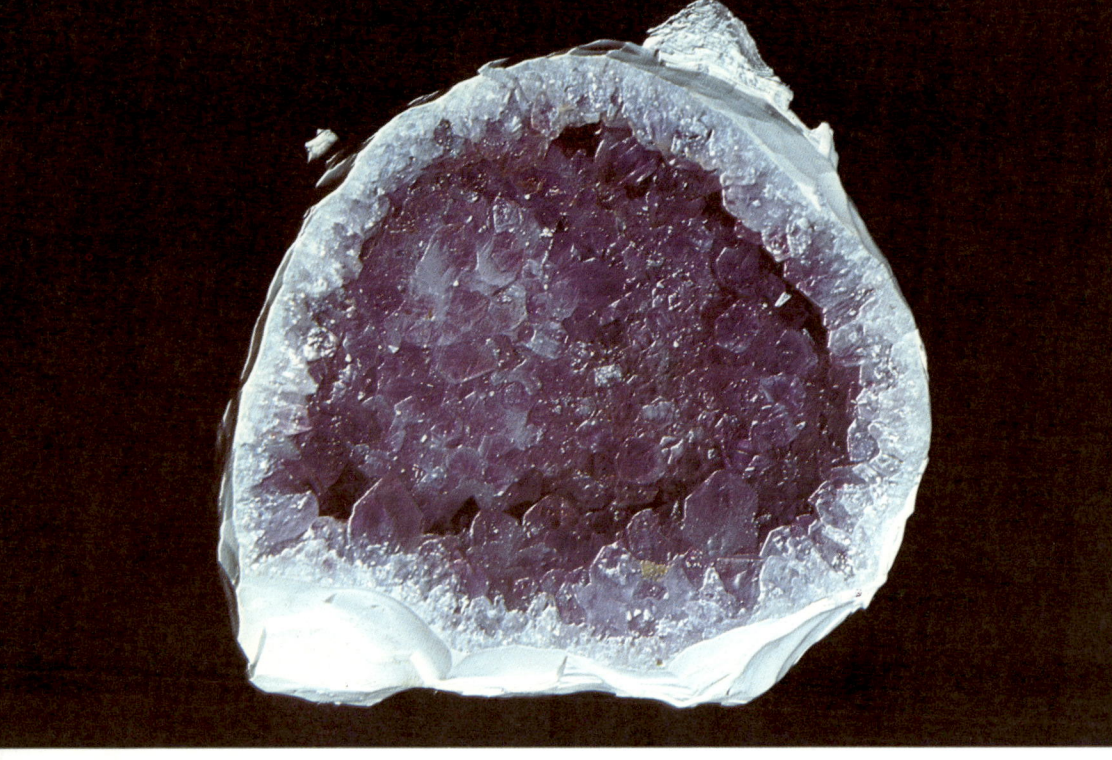

Amethystdruse (Durchmesser 12 cm). Steinbruch Bernhard/Gerach (Slg. Dröschel, Idar-Oberstein).

Achate vom Steinkaulenberg aber vor allem blaugrau, opalartig. Achat gibt es in allen Variationen, auch als Spaltenfüllung im Melaphyr (Stbr. bei Kastel). Drusen und Mineralien findet man nicht nur in Steinbrüchen – die bekanntesten sind wohl der Stbr. Setz in Idar-Oberstein und der Stbr. Juchem in Niederwörresbach –, sondern auch auf Feldern, die selbstverständlich nur dann aufgesucht werden können, wenn das Getreide abgemäht ist (Steinbrüche und Felder sind Privatgelände!).

Achatfelder: Göttschieder Heide (Hochfläche zwischen Regulshausen und dem Flugplatz Idar-Oberstein), Wäschertskaulen (nordwestlich Idar-Oberstein), Steinkaulenberg (bei der Edelsteinmine und am Galgenberg), Felder an der Straße Bergen-Berschweiler (westlich Kirn), Felder in der Umgebung von Rimsberg (östlich Birkenfeld), Gimbweiler, Hahnweiler (beide südlich Birkenfeld), Freisen, Oberkirchen (Weiselberg), Eckersweiler, Reichweiler, Berschweiler, Mettweiler (alle südwestlich Baumholder), Heimbach (westlich Baumholder), Reichenbach (nordwestlich Baumholder), Kastel; Staudernheim. Außerdem finden sich „thundereggs" („Donnereier"), knol-

Goethit auf Quarz (Bildbreite 2 cm). Freisen (Slg. Dröschel, Idar-Oberstein).

lenartige Achatbildungen im Quarzporphyr (Rhyolith). Vorkommen bei Oberthal (Leißberg, Teufelskanzel), Wendelsheim und Flonheim (bei Bad Kreuznach).
Steinbrüche: Stbr. Setz, Idar-Oberstein; Stbr. Juchem, Niederwörresbach; Stbr. Bernhard, Gerach/Niederwörresbach; Stbr. Südwestdeutsche Hartsteinwerke, Kirn; Stbr. Bernhard, Dienstweiler; Stbr. Becker, Freisen.
Neben dem Achat in den verschiedensten Farben sind Chalcedon, Jaspis, Amethyst, Rauchquarz, Bergkristall, Calcit, Aragonit, Lepidokrokit, Goethit, Eisenglanz, Hämatit, Pyrit, Baryt, Bitumen, Delessit, Prehnit, Harmotom (max. 1 cm), Laumontit, Thompsonit ausgebildet. Als Besonderheit sei erwähnt, daß der Chabasit erstmalig bereits 1788 in Idar-Oberstein bestimmt worden ist! Chabasit findet sich aber auch an anderen Stellen (u.a. Freisen, Göttschieder Heide). Äußerst selten tritt im Stbr. Setz grüner Flußspat auf.

Bergbau im Hunsrück-Nahe-Raum

Der Bergbau im Hunsrück-Nahe-Raum hat eine über 2000, vielleicht sogar über 3000 Jahre alte Geschichte und geht in seinen Anfängen mindestens bis in die Zeit der Kelten zurück. Die Hinweise auf Eisenerz- und Kupferabbau in der Umgebung von Otzenhausen, Nohfelden, Idar-Oberstein und Fischbach sind so zahlreich, daß bereits zur Hunsrück-Eifel-Kultur (600–250 v. Chr.) ein regelrechtes „Ruhrgebiet" angenommen werden darf. Die Kelten (Treverer) führten Bergbau und Verhüttung mit Sicherheit bis zur Zeitenwende fort. Man denke hier nur an die aufgelassene Grube Friedrichsfeld, eine ehemalige Blei-Zink-Grube, in der Nachbarschaft der keltischen Altburg bei Bundenbach. Der Hunsrück-Nahe-Raum beherbergt die verschiedensten Bodenschätze, von Eisen- über Kupfer- und Quecksilbererz zu Blei-Zink-Erzen sowie Uranlagerstätten neben Schwerspat, Feldspat, Steinkohle und natürlich Achat.

Kupferbergbau, der wohl schon seit der Bronzezeit (Bronze ist eine Legierung aus Kupfer und Zinn) im Nahe-Raum eine Rolle spielte, ist hauptsächlich an die Vulkangesteine des Rotliegenden gebunden. Er konzentriert sich auf den Melaphyr-Zug am Nordflügel der Nahe-Mulde zwischen Kirn und Türkismühle. Aber auch bei Bad Münster a. St. wurden im Quarzporphyr einige kleinere Lagerstätten schon im 15. Jh. abgebaut, so am Rheingrafenstein (Mineralführung: u. a. Kupferkies, Buntkupferkies) und bei Niederhausen/Nahe (Mineralführung: Kupferkies, Malachit, Azurit).

Alle Vorkommen sind an Störungen gekoppelt.
Die Kupferlagerstätte von Fischbach am Hosenberg (heute das für Besucher zugängliche „Kupferbergwerk Fischbach") war die bedeutendste des Hunsrück-Nahe-Raumes. Sie liegt am Kreuzungspunkt von Verwerfungen. Aus den Weitungen läßt sich berechnen, daß 400 000 t Gesteinsmaterial abgebaut wurden. Allein die Allenbacher Hütten gewannen um 1600 aus Fischbacher Erz wöchentlich 60–70 Zentner Kupfer. Noch um 1750 wurde ein Teil des Erzes in Fischbach selbst verhüttet. Die Verarbeitung des Erzes mußte dort erfolgen, wo Holzkohle bereitgestellt werden konnte, d. h., wo genügend Holz zur Verfügung stand. So verlor der Hunsrück in jener Zeit einen großen Teil seines Waldes.
Für einige Gruben besaß jedoch auch der Silbergehalt der Kupfererze eine große Bedeutung, da dieser ihnen für geraume Zeit die Existenz sicherte (Nohfelden, Stahlberg, Selberg). Das Silber vom Selberg bei Obermoschel bildete die Grundlage für die Herstellung der „Selberger Taler", Silbermünzen, die die Herzöge von Simmern prägen ließen. Mit dem Silberbergbau ist im 15. Jh. auch der Quecksilberabbau eng verbunden.

Die **Quecksilber**-Vererzungen zeigen mit ihren ca. 60 Vorkommen im pfälzisch-saarländischen Gebiet ein SW-NO-Streichen, das dem varistischen parallel läuft. Sie sind hauptsächlich an den Pfälzer Sattel zwischen Alzey und Baumholder gebunden und treten auf Klüften,

Spalten und Störungszonen im Quarzporphyr und Unteren Rotliegenden auf. Als wichtigste Vorkommen sollen hier nur Mörsfeld westlich Alzey, der Stahlberg nordwestlich Rockenhausen, der Landsberg und der Selberg bei Obermoschel sowie der Lemberg südwestlich Bad Münster a. St. genannt werden.

Funde aus der Römerzeit legen nahe, daß schon damals am Lemberg Bergbau (wohl auf Eisen/?Kupfer) betrieben wurde. Urkundlich belegt ist der Quecksilberabbau für alle ge-

Kupferglanz und Malachit, Mineralisationen aus dem Kupferbergwerk Fischbach.

Unten: Suchstrecke aus dem Mittelalter im Fischbacher Kupferbergwerk. Der grüne Malachitbelag hebt sich deutlich vom Melaphyr ab.

nannten Vorkommen jedoch erst im 15. Jahrhundert. Am Lemberg bauten mehrere Gruben Quecksilber ab. Das heutige Besucherbergwerk „Schmittenstollen" ist ein Teil der ehemaligen Grube Schmittenzug, die als letzte erst 1939 ihren Betrieb eingestellt hat.

Mineralführung der Kupfer- und Quecksilbervorkommen: Zinnober, Metacinnabarit, Schwazit (quecksilberhaltiges Fahlerz), Kupferkies, Antimonit, Bleiglanz, Zinkblende, Arsenkies, Pyrit, Hämatit, Quarz, Calcit, Ankerit, Siderit, Dolomit, Baryt, Bitumen; Sekundärmineralien: u. a. gediegen Quecksilber, Kalomel, Landsbergit, Amalgam, Malachit, Azurit, Kupferglanz, Kupfervitriol, Melanterit, Manganomelan. Kalomel ist 1776 am Moschellandsberg bei Obermoschel entdeckt worden.

Der Moschellandsberg bei Obermoschel, im Mittelalter ein Zentrum des Quecksilberbergbaus.

Für die **Eisen**gewinnung besaß der Hunsrück in alter Zeit besondere Bedeutung. Zwei Lokalitäten, der Ort Eisen und die Schmidtburg („Schmied"), werden bereits sehr früh (1212/1084) erwähnt. Damit dürfte die Eisengewinnung mindestens bis ca. 1100 zurückreichen. Auf eine Eisenhütte in Allenbach, in der u. a. auch die Fischbacher Kupfererze verhüttet wurden, weist eine Urkunde aus dem Jahre 1439 hin. 1499 nahm in Abentheuer bei Birkenfeld eine weitere Eisenhütte die Arbeit auf. Hier kamen die Toneisensteine (Lebacher Knollen) des Rotliegenden (Lebacher Gruppe) zur Verhüttung. Sie besaßen einen Eisengehalt bis zu 25 %, hauptsächlich in Form von Siderit. Dieses Eisencarbonat ist vielfach an der Oberfläche durch Verwitterung in Brauneisen umgewandelt. Sideritvorkommen wurden bei Schwarzenbach/Otzenhausen, Langenthal, Duchroth (bei Bad Münster a. St.), Elchweiler (bei Birkenfeld) und Berschweiler (westlich Kirn), letzteres bis ins 19. Jahrhundert abgebaut.

Mineralführung der Eisenerzvorkommen: Siderit, Calcit, Kupferkies, Bleiglanz, Zinkblende, Pyrit, Brauneisen.

Von den Eisenerzgruben bei Berschweiler und Niederwörresbach wurde die Asbacherhütte bis zu ihrer Schließung 1870 versorgt. 1875 stellte auch die Hütte in Abentheuer ihren Betrieb ein, weil die Inhaberfamilie Stumm ihre Aktivitäten in das Saarland verlagerte. In diesen Jahren schlossen alle Eisenhütten im Hunsrück-Nahe-Raum ihre Pforten.

Etwa 1500, meist kleinere Eisen- und Manganerzvorkommen, wurden im Hunsrück abgebaut. Unter ihnen besaßen die größte Bedeutung die Brauneisenstein-Vorkommen, die, wie mehrere Eisenbarren aus diesem Zeitabschnitt belegen, schon in der Latènezeit vor über 2000 Jahren ausgebeutet wurden. Sie gehören zu einer unter dem Namen „Soonwalderze" bekannten Mineralisierung, die in über 100 Gruben im Soonwald abgebaut wurden. Das Mangan und Phosphor enthaltende knollen- und nierenförmige Brauneisen (Stilpnosiderit) findet sich vor allem in tertiären Tonen (? Eozän) in Mulden über dem Hunsrückschiefer. Eisen und Mangan wurden hier bei der Verwitterung des Hunsrückschiefers aus dem Wasser ausgefällt. Die Mächtigkeit des eisenführenden Tertiärs beträgt maximal 8 m.

Die größten Vorkommen wurden auf der Grube Neufund südlich Argenthal und auf der Grube Märkerei südöstlich Tiefenbach abgebaut. Dort, wo einst der Tagebau der Eisenerzgrube Neufund war, liegt heute der Waldsee bei Argenthal. Die Grube war von 1917 bis 1929 in Betrieb. Das Erz hatte einen Eisengehalt von ca. 30 %. Es trat in Brocken und Knollen auf, die regellos in einem intensiv rot gefärbten Ton eingebettet waren. Die Eisenerzgrube Märkerei hatte eine Ausdehnung von 250 × 300 m und förderte mit Unterbrechungen von 1910 bis 1940 sowohl im Tagebau als auch unter Tage (Stollen vom Tagebau aus). Von 1910 bis 1929 lieferten beide Gruben zusammen 200 000 t Eisenerz. Die gewaschenen Erze enthielten 42 % Eisen, 0,25 % Mangan, 0,5 % Phosphor und 20 % Kieselsäure. Die „Soonwalderze" bildeten im 19. Jahrhundert die Grundlage der Hüttenwerke (Rheinböllerhütte, Stromberger Neuhütte).

1822 wehrten sich Rheinböllerhütte, Gräfenbacherhütte und Strombergerhütte (später die Stromberger Neuhütte) gegen das Vorhaben des Simmerhammers, ein zweites Frischfeuer einzurichten. Angeblich reichten die Holzvorräte des Hunsrücks nicht für den Konkurren-

Gußarbeit (92 × 36 cm) aus dem „Simmerhammer" in Simmertal (Original in Paris).

Grube Amalienhöhe bei Waldalgesheim. Das heute stillgelegte Bergwerk förderte Eisenmanganerze und Dolomit.

ten. Der Simmerhammer, erstmalig 1550 erwähnt, war vorher die Schmiede der Wildgrafen von Dhaun. Diese einzige noch tätige Gießerei im Hunsrück-Nahe-Raum ist heute der letzte Zeuge der alten Hunsrücker Hüttenindustrie.

Das Museum auf der Burg Reichenstein/Trechtingshausen zeigt Erzeugnisse der verschiedenen Eisenhütten aus dem 16. bis 19. Jahrhundert mit dem Schwerpunkt Rheinböllerhütte.

Ebenso gehören zu den Verwitterungslagerstätten die Eisenmanganerze von Waldalgesheim (Besucherbergwerk Grube Amalienhöhe). Die Vorkommen sind an mitteldevonische Dolomite gebunden, deren Verkarstung vor dem Mitteloligozän erfolgte. Im ?Eozän bildeten sich bis 350×200 m große Dolinen, in die Sande und Tone eingeschwemmt wurden. Absteigende Verwitterungslösungen fällten in Zonen mit sauerstoffreichem Grundwasser die Eisenmanganerze als Gele aus, die unter Wasserverlust bzw. durch Oxidation zu den heute vorliegenden Erzen umgewandelt wurden. Die abgebauten Erze weisen im Schnitt ca. 28% Eisen und 17% Mangan auf.

Mineralführung der Eisenmanganerze: röntgenamorphe Manganoxide, Goethit, Manganit, Polianit, Pyrolusit, Lithiophorit, Manganosit, Chalkophanit, Wad, Rhodochrosit.

Die **Uran**-Vorkommen konzentrieren sich in der Nähe der großen Rhyolith-Massive. Erze treten in diesen Magmatiten als hydrothermale Imprägnationen (Bühlskopf/Ellweiler) und in Sedimenten auf, in denen sie sich bei oder nach der Ablagerung anreicherten („Stein"/Ellweiler, Böschweiler). Die bekannteste, zwischen 1958 und 1967 abgebaute Uranvererzung liegt am Bühlskopf nördlich Ellweiler; sie ist vor allem an NW-SO-streichende Zerrüttungszonen im Quarzporphyr gebunden. Der durchschnittliche Gehalt beträgt 1g Uranoxid pro Tonne. Neben der primären sulfidisch-arsenidischen Uranpecherz-Coffinit-Mineralisierung tritt eine große Anzahl von sekundären Umwandlungsprodukten (häufig Zeunerit, Kasolit) auf.

Mineralführung der Uranvorkommen: u. a. Uranpecherz, Coffinit, Carburan; Zeunerit, Metazeunerit, Kasolit, Ellweilerit, Heinrichit, Nováčekit, Uranospinit, Autunit, Torbernit, Umohoit; Arsen, Arsenkies, Bleiglanz, Covellin, Greenockit, Kupfer, Kupferkies, Nickelin, Pyrit, Silber, Zinkblende.

Der **Steinkohlenbergbau** besitzt im Nahe-Alsenz-Glan-Raum lange Tradition. Bereits 1546 baute man in Duchroth, Oberhausen/Nahe, Odenbach und Reiffelbach 10–15 cm mächtige Steinkohlenflöze im Unterrotliegenden ab (u. a. das Odenbacher Kalkkohlenflöz in den Lautereckener Schichten). Auch an verschiedenen Stellen bei Meisenheim und Lauterecken, im nördlichen Teil der Nahe-Senke bei Buhlenberg, Idar-Oberstein, Weiersbach, Argenschwang, Winterburg sowie bei Traisen, Feilbingert, Altenbamberg und Obermoschel wurde Steinkohle geschürft.

Oberkarbonische Kohle findet sich nur in der westlichen Ummantelung des Lembergs südlich Oberhausen. Wegen ihres Schwefelgehalts konnten die Kohlen in früheren Jahrhunderten nur zum Schmieden und nicht in Quecksilberhütten verwendet werden.

Nach Fertigstellung der Nahetal-Eisenbahn in der zweiten Hälfte des 19. Jahrhunderts war die „Nahekohle" nicht mehr konkurrenzfähig. Nur in Notzeiten kam es kurzfristig wieder zu einem verstärkten Abbau, vor allem für den Eigenbedarf. Die Gruben bei Bergen/Kirn stellten 1923 als letzte den Betrieb ein.

Schwerspat gewann man in der Umgebung von Baumholder und Erzweiler. Bis 1974 förderten die beiden Gruben Clarashall und Malsbach (heute im Truppenübungsplatz Baumholder) das Mineral aus den mächtigen, vorwiegend in Nord-Süd-Richtung verlaufenden Gängen im Melaphyr. Weißer Baryt enthält im Gegensatz zum älteren, roten Baryt geringfügig Zinnober. Die Vererzung ist hydrothermal und dürfte durch intrusive Melaphyrstöcke (Kuselite, Tholeyite) verursacht sein.

Schwerspat findet sich außerdem am Stahlberg (Rockenhausen), Landsberg (Obermoschel), Lemberg (Bad Münster a. St.), bei Mörsfeld, aber auch im devonischen Taunusquarzit bei Gemünden (Steinbruch Henau) und Argenthal (Steinbruch südlich des Ortes). Entstanden sind diese Vorkommen ebenfalls hydrothermal.

Mineralführung der Barytvorkommen: Schwerspat, Zinnober, Kupferkies, Malachit, Psilomelan, Manganmulm, Hämatit, Eisenkiesel, Kalkspat.

Die bei der varistischen Faltung stark verschuppten und geringfügig umgelagerten Baryt-Lager der Grube Korb/Eisen scheinen dagegen bei der Sedimentation der umgebenden devonisch-unterkarbonischen Ablagerungen gebildet worden zu sein.

Ebenfalls sehr alt ist der Bergbau auf **Achat**. In Freisen und Oberkirchen ist er bereits im 15. Jahrhundert nachgewiesen. Die Vorkommen am Steinkaulenberg wurden, wie man aus Urkunden weiß, 1454 bergmännisch abgebaut. Doch deutet alles darauf hin, daß schon vor diesem Zeitpunkt ein systematischer Abbau von Achat, Chalcedon und Jaspis stattfand.

Drei Bergbau-Schwerpunkte auf Achat lassen sich feststellen: der Steinkaulenberg in Idar-Oberstein, der Raum Baumholder und der Weiselberg bei Oberkirchen. Ihre Vorkommen wurden fast bis zum Ende des 19. Jahrhunderts ausgebeutet. Mit den Achaten aus Brasilien, die ab 1834 nach Idar-Oberstein gelangten, kam der heimische Achatbergbau

Melaphyr-Steinbruch Juchem/Niederwörresbach mit historischer Geracher Wasserschleife im Vordergrund.

Achatschleifer bei der Arbeit. In dieser Haltung wurden früher in den Wasserschleifen von Idar-Oberstein und Umgebung die Steine geschliffen (Achatschleife des Museums Idar-Oberstein unterhalb der Felsenkirche).

allmählich zum Erliegen. Unter welch harten Bedingungen und Schwierigkeiten der Achat damals gewonnen wurde, läßt das Besucherbergwerk Steinkaulenberg ahnen, wo 1845 noch 40 Achatgräber arbeiteten.
Die Steine wurden ursprünglich in Freiburg i. Br. geschliffen (14./15. Jh.). Erst um 1600 fing man auch in Idar-Oberstein damit an. COLLINI zählt dann auf seiner „Mineralogischen Reise" 1774 am Idarbach immerhin schon 26 Schleifmühlen. Nach der Entdeckung der brasilianischen Vorkommen im 19. Jahrhundert sind 153 Schleifmühlen nachzuweisen. Heute gibt es gerade noch drei Wasserschleifen alten Stils: Historische Wasserschleife Biehl, Asbacherhütte; Historische Geracher Wasserschleife in der Nähe des Stbr. Juchem/Niederwörresbach; Historische Weiherschleife, Idar-Oberstein.

Fundstellen und Sehenswürdigkeiten

Alzey

Die Umgebung von Alzey einschließlich Weinheim ist das Eldorado für Sammler von Meeressand-Fossilien. Man denke nur an Fundstellen wie die ,,Trift", das ,,Zeilstück" und die ,,Würzmühle". Doch nicht nur diesen Aufschlüssen, auch ihrer Umgebung sollte man Aufmerksamkeit schenken.

Die Sandgrube ,,**Trift**", eigentlich ein Hohlweg östlich Weinheim, erschließt den Unteren Meeressand (Sande, teilweise durch Kalk verkittet). Sie gibt einen Schnitt durch Spülsäume einer Meeresbucht (mit ca. 15–60 m Wassertiefe bei einer Küstenentfernung von ungefähr 1 km). Hervorstechend ist der Reichtum an Muscheln und Schnecken; auch Haifischzähne sind nicht selten. Die Schnecke *Natica crassatina* (heute *Ampullina crassatina*) hat bereits 1765 SENCKENBERG in den Alzeyer Meeressanden aufgesammelt.

Folgende Arten sind häufiger zu finden:
Schnecken: *Ampullina (Ampullinopsis) crassatina, Retusa (Cylichnina) laurenti, Margarites margaritula* (früher ,,*Trochus*"), *Pirenella laevissimum* (,,*Cerithium*"), *Emarginula (E.) sp., Patella sp., Polinices (Euspira) helicinus helicinus.*

Muscheln: *Chlamys (Ch.) picta* (,,*Pecten*"), *Chlamys (Aequipecten) composita, Cyclocardia ,,omaliana", Glycymeris (G.) obovata* (,,*Pectunculus*"), *Laevicardium (L.) tenuisulcatum, Callista (Macrocallista) splendida* (,,*Pitaria*"), *Pelecyora (Cordiopsis) polytropa* (,,*Pitaria incrassata*"), *Limatula (L.) boettgeri, Nucula (Lamellinucula) comta, Paralucinella undulata* neben der großen Auster *Pycnodonte (P.) callifera* (,,Ostrea") und der sehr seltenen *Spondylus (Sp.) tenuispina*.

Fischreste (Zähne und Otolithen [Hörsteine]): *Sparidarium plebeius, Pagrus distinctus, Odontaspis cuspidata, Myliobatis sp.* und *Eugaleus latus.*

Die marine Fauna ist individuen- und artenreich mit mehr als 21 Muschel- und über 30 Schneckenarten. Im Gegensatz zu den Muscheln treten die Schnecken vorwiegend horizontgebunden auf. Bei ersteren liegen die Einzelschalen meist mit der Wölbung nach unten im Sediment. Doppelklappig erhaltene Muscheln sprechen für einen Lebensraum, der nicht weit vom Einbettungsort entfernt war. Interessante Fundstücke sind Bryozoenreste (*Haploporella kinkelini*), Seeigelstacheln (*Diadema cf. desori*) und sogar vollständige Seeigel (*Echinocyamus boettgeri*). Wirbeltierreste finden sich sehr selten.

Die 150 m lange und bis 11,50 m hohe Wand der in den 30er Jahren stillgelegten Sandgrube gilt als geologisches Denkmal und ist eingezäunt. Fundmöglichkeiten bieten die umliegenden Felder und Weinberge (Erlaubnis!).

Das ,,**Zeilstück**" nordwestlich Weinheim steht der ,,Trift" an Berühmtheit nicht nach. Seine Geschichte beginnt mit dem Unteren Meeressand. Es stellt die Ablagerung an einer Steilküste dar. Durch die hohe Energie in der Brandung wurde an dem ehemals über 10 m hohen

Die „Trift" bei Weinheim/Alzey, ein geologisches Naturdenkmal.

Kliff, das von Arkosen der Tholeyer Gruppe (Unterrotliegendes) gebildet wird, ein Grobsediment als Saum geschaffen, das vorwiegend aus Austern (*Pycnodonte [P.] callifera*) besteht (Strandkonglomerat). Dieser Austernschutt geht seitlich in die Sande des Unteren Meeressandes über, der in einzelnen, teilweise verfestigten Bänken Fossilien führt. In dieser dem Mittleren Rupelton (Fischschiefer) entsprechenden Schicht finden sich die Muscheln *Nucula sp., Palliolum sp., Chlamys (Ch.) picta, Chlamys (Aequipecten) composita, Chlamys sp., Pycnodonte (P.) callifera, Glycymeris (G.) obovata* sowie Seeigelstacheln und Haifischzähne (u. a. *Odontaspis acutissima, Odontaspis sp., Seglorhinus sp.*).

Der Untere Meeressand wird diskordant überlagert von den sandigen und fossilreichen Papillatenschichten des Oberen Meeressandes. Seine Fossilien sind vorwiegend Muscheln wie *Callista (Macrocallista) splendida, Corbula (Caryocorbula) subaequivalvis, Crassostrea cyathula, Isognomon sp., Mytilus acutirostris, Nucula piligera, Pelecyora (Cordiopsis) polytropa* und Schnecken wie *Benoistia (B.) abbreviata, Jujubinus (Scrobiculinus) rhenanus, Keepingia cassidaria, Lunatia dilatata, Muricopsis pereger, Pirenella plicata papillata, Potamides (P.) lamarcki, Turboella (Apicularia) turbinata*. Leitformen stellen *Muricopsis pereger* und *Pirenella plicata papillata* dar.

Bad Kreuznach

Bad Kreuznach liegt an der Grenze zwischen dem Rotliegenden (mit dem Kreuznacher Porphyrmassiv) und dem Mainzer Becken. Die Umgebung des Ortes ist mit einem quartären Lößschleier überzogen und trägt die Landschaftsbezeichnung Kreuznacher Lößhügelland. Die Stadt ist u. a. durch ihre **Heilquellen** (s. Bad Münster a. St.) und das **Karl-Geib-Museum** bekannt, das in einer reichhaltigen geologischen Sammlung auch eine große Anzahl von Hunsrückschiefer-Fossilien aufbewahrt.

Bad Münster a. St. – Ebernburg

Bad Münster a. St. ist ebenso wie Bad Kreuznach durch radonhaltige, artesische **Solequellen** berühmt, die entlang des Nahetals auf Störungen auftreten. Ihre Salze dürften die Wässer (Natrium-Chlorid-Thermen) aus den tertiären Salinarbildungen des zentralen Oberrheingrabens beziehen. Das radioaktive Edelgas Radon wird vom Wasser in Klüften des Kreuznacher Porphyrmassivs, die mit radiumhaltigen Mineralien belegt sind, aufgenommen. Die drei Quellfassungen der Rheingrafenquelle (mit 29,2 °C wärmste Therme) können im Kurmittelhaus von Bad Münster a. St. besichtigt werden.

Der urkundlich gesicherte Bergbau am **Lemberg** bei Bad Münster a. St. beginnt 1438 unter Pfalzgraf Stephan, der seinen Amtssitz in Simmern hatte. 1631 ging die erste Periode des Quecksilberabbaus zu Ende. Erzgewinnung erfolgte weiterhin von 1730 bis 1818 und von 1934 bis 1939. 1787 betrug die Fördermenge 427 kg Quecksilber, 1938 dagegen vergleichsweise 4000 t Erz mit ca. 5600 kg Quecksilber. Der Quecksilbergehalt des Erzes liegt bei 0,1–0,3 %. Die Erze finden sich in Gängen und Ruschelzonen im Rhyolith des Lembergs. Charakteristisch für seine Zinnobervorkommen ist der hohe Hämatitgehalt. Der Zinnober bildet Kristalle bis 3 mm. Daneben treten Quecksilber, Fahlerz, Pyrit, Hämatit, Calcit, Siderit, Baryt und Asphalt auf. Auch Uran-Quecksilber-Vererzungen mit Coffinit, Carburan, Neodigenit, Covellin und verschiedenen sekundären Uran-Mineralien hat man am Lemberg festgestellt.

Der Rheingrafenstein mit dem Kurpark von Bad Münster a. St. Im Kurmittelhaus befinden sich die drei Quellfassungen der Rheingrafenquelle, einer radiumhaltigen Natrium-Chlorid-Therme.

Im Jahre 1977 wurde am Lemberg das **Besucherbergwerk Schmittenstollen** eröffnet.

Bingen

Bingen, die historische Stadt an der Nahe-Mündung, markiert mit dem **„Binger Loch"** die Stelle, an der der Rhein aus dem Mainzer Becken in das Rheinische Schiefergebirge übertritt. Damit verbunden ist das Engtal des Mittelrheins, der an der Grenze Miozän/Pliozän das Oberrheintal angezapft hat. Die durch eine reiche Säugetier-Fauna bekannten unterpliozänen Dinotheriensande zwischen Worms und Bingen, vor allem durch den Wißberg bei Sprendlingen berühmt, beweisen den Flußcharakter des Ur-Rheins, zu dem die Ur-Nahe bereits entwässerte.

Der Untergrund des **Rochusberges** besteht hauptsächlich aus Taunusquarzit, dem Mitteloligozän (Meeressand und Rupelton) auflagert. Vom Turm des Rochusberges reicht der Blick sowohl in das Rheintal mit dem Binger Loch (Taunusquarzitrippen bewirken hier die Untiefen) als auch nach Süden bis zum Donnersberg-Massiv (Rhyolith). Das Plateau des Rochusberges bildet die älteste Terrasse des Rheins.

Der Rheindurchbruch bei Bingen mit Mäuseturm im „Binger Loch" und Ruine Ehrenfels.

Die Felsrippen des Oberrotliegenden (Waderner Schichten) prägen das Landschaftsbild des Trollbachtales südlich Bingen.

Südlich Bingen verläuft parallel zur Autobahn das **Trollbachtal**, ein Naturschutzgebiet. Zwischen der Trollmühle und Burg Layen bilden Breccien der Waderner Schichten (Oberrotliegendes) innerhalb von Weinbergen und Brachflächen eigenartige Felsformen. Hier ist nahe der Störung zwischen dem Hunsrück und der Saar-Nahe-Senke das Gestein parallel zu Klüften verfestigt. Diese verkieselten Partien können der Verwitterung besser widerstehen und haben sich deshalb erhalten.

Breitenheim

Der aufgelassene Steinbruch südwestlich des Ortes Breitenheim weist in Schwarzschiefern oberhalb der mächtigen Sandsteinbänke, die früher abgebaut wurden, eine reiche Fischfauna auf (kleine Palaeonisciden, den Stachelhai *Acanthodes cf. gracilis* und den bis 2 m langen Süßwasserhai *Orthacanthus sp.*). Ihr Lebensraum waren Seen, die zur Zeit der Jekkenbacher Schichten im Unterrotliegenden bestanden.

Bruschied

An der Straße nach Hennweiler, ca. 500 m südlich Bruschied, tritt im Taunusquarzit eine

Fauna auf, die dem Siegen zuzuordnen ist. Neben den leitenden Spiriferen *Acrospirifer primaevus* und *Hysterolites hystericus* lassen sich noch weitere Brachiopoden, darunter vor allem *Tropidoleptus carinatus, Platyorthis circularis* und die riesige *Boucotstrophia herculea,* finden. *Pleurodictyum problematicum* (mit bis ca. 5 cm Durchmesser) ist ebenfalls ein charakteristisches Fossil dieses Aufschlusses.

Bundenbach

Der alte, vom Schieferbergbau geprägte Ort weist neben historischen eine Reihe von geologisch-paläontologisch-mineralogischen Sehenswürdigkeiten auf. Das **Fossilienmuseum** besitzt eine wertvolle Sammlung von Hunsrückschiefer-Versteinerungen aus Bundenbacher Gruben.

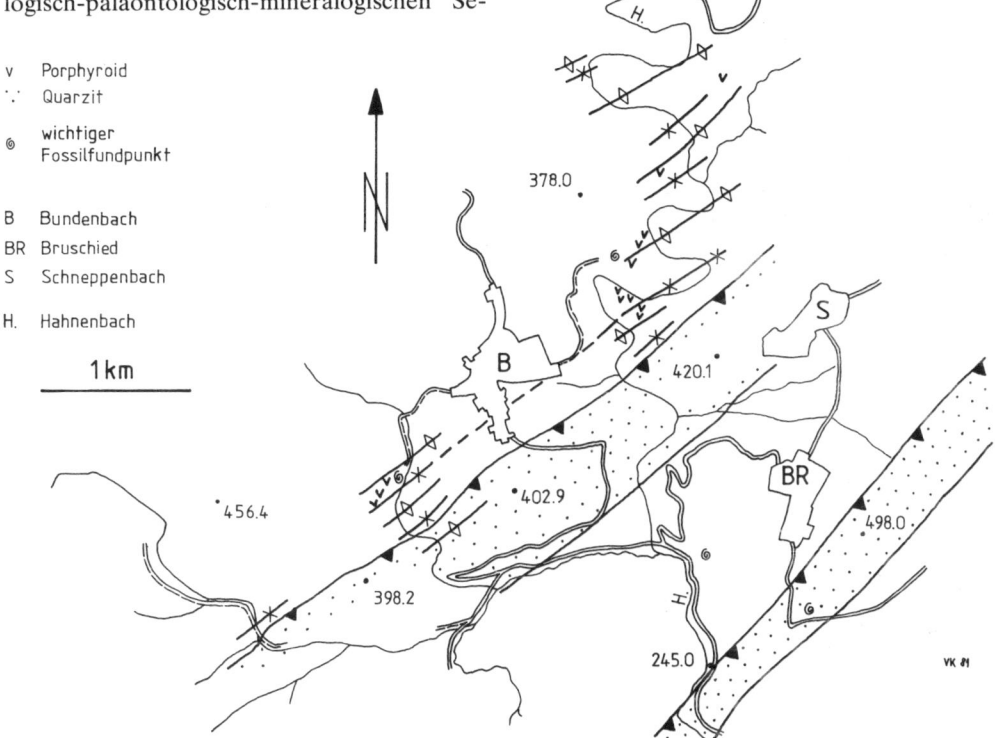

Geologische Karte der Umgebung von Bundenbach mit Fossilfundpunkten (Grube Herrenberg im NO und Grube Eschenbach im SW von Bundenbach, Grube Altlayenkaul südwestlich Bruschied in Rudolfshaus und Taunusquarzitfundpunkt südlich Bruschied).
Hunsrückschiefer ohne Signatur, Taunusquarzit punktiert. Mulden- und Sattelstrukturen (Falten) sind durch × und Doppeldreieck gekennzeichnet.

Die **Altburg**, nur ca. 100 m von der Besuchergrube Herrenberg entfernt, stellt ein archäologisches Denkmal ersten Ranges dar. Auf dem von Kelten im 2.–1. Jahrhundert v. Chr. besiedelten, 1,5 ha großen Plateau lassen Schmelzschlacken vermuten, daß auf den Bundenbacher Blei-Zinkerz-Gängen „Bergbau umgegangen ist und die Erze auch verschmolzen worden sind" (ROSENBERGER 1971, S. 104). Ein 7 m hoher und 80 m langer Wall schützte an einer Engstelle in Richtung Grube Herrenberg die Anlage vor ungebetenen Gästen.

Die **Grube Eschenbach** (Firma Johann & Bakkes) baut heute als einzige Grube im Hunsrück Schiefer im Tagebau ab. Durch den Einsatz von Maschinen können größere Schiefermengen gewonnen werden. Die Schichten sind annähernd dieselben, wie sie in der Besuchergrube Herrenberg dem Publikum vorgeführt werden. In die senkrecht gestellte, fossilreiche Schieferfolge (meist „Plattenstein") schaltet sich ein vulkanischer Horizont ein. Funde mit über 100 Seesternen auf annähernd einem Quadratmeter geben ein Bild vom reichen Leben zur Zeit der Ablagerung des Hunsrückschiefers. Panzerfische, Trilobiten, Seelilien und Seesterne, eigentlich fast alle Formen, die bisher im Hunsrückschiefer entdeckt worden sind, lassen sich hier finden.

Die **Besuchergrube Herrenberg** demonstriert den Hunsrücker Schieferbergbau aus früherer Zeit. Möglicherweise ist in einem Pachtvertrag von 1540 diese Grube gemeint, als von den Herren von Wiltberg eine Schiefergrube nahe der Schmidtburg gepachtet wird. Der Name

Besucherbergwerk Herrenberg bei Bundenbach. In den Weitungen der ehemaligen Dachschiefergrube wird die frühere Arbeitsweise bei der Schieferförderung veranschaulicht.

„Herrenberg", der auf die Bergwerkseigentümer, die „Herren" Amtsleute und Steuereinnehmer zurückzuführen ist (im Gegensatz zur „Bauerngrube"), wird erstmalig 1778 erwähnt. Heute führt die im Jahre 1964 stillgelegte Grube der Verein für Fossilienfreunde in Bundenbach, der auch Präparierkurse für Schieferfossilien veranstaltet. Die Grube weist 5 Stollen-Niveaus auf, die bei einer Gesamtlänge von ca. 1300 m vom Talgrund bis unter den Berggipfel reichen und fast 60 m Höhendifferenz überwinden. Vor der Eröffnung des Besucherbergwerks 1976 mußten die über 100 m langen, 20 m breiten und jetzt 7 m hohen Hohlräume erst von dem bis unter die Firste (bergmännisch für Decke) reichenden, beim früheren Abbau angefallenen Schieferschutt befreit werden. Die dritte Weitung zeigt in eindrucksvoller Weise das geologische Faltenbild, das bereits die alten Bergleute erkannten, die diesen zwischen zwei Platten-Zügen liegenden Bereich als „Hans Krappstein" ansprachen. Diese „Schieferzüge" verlaufen annähernd parallel zum Streichen der Schichten. Der „Hans", ein Vulkantuff, ist als interessante Einschaltung in den Schiefer an seiner etwas helleren Farbe zu erkennen. Den Besuchern werden bei den Führungen natürlich auch die Fossilgruppen des Hunsrückschiefers anschaulich nahegebracht. Dabei erfahren sie ebenso, unter welch schwierigen und gesundheitsschädlichen Arbeitsbedingungen unter Tage abgebaut wurde. Vor allem der Schieferstaub mit seinem hohen Quarzanteil reduzierte die Lebenserwartung der Bergleute (Staublunge) auf nur 40–45 Jahre.

Die **Schmidtburg** gegenüber der Grube Herrenberg auf der anderen Seite des Hahnenbachs scheint eine der ältesten Burgen des Hunsrücks zu sein, da das Gebiet um die Altburg um das Jahr 926 von drei fränkischen Edel-

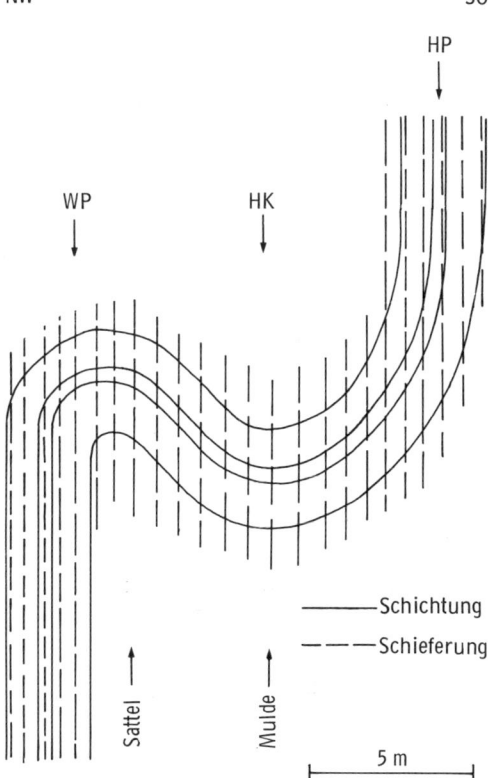

Schematisches Querprofil durch die Besuchergrube Herrenberg mit den Schieferzügen HP = Hans Plattenstein, HK = Hans Krappstein und WP = Wingertsheller Plattenstein. Ein Plattenstein liegt vor, wenn Schichtung und Schieferung annähernd parallel verlaufen. Beim Krappstein stehen Schichtung und Schieferung schräg bis senkrecht aufeinander.

len erworben wurde, die hier eine Festung gegen die Ungarn errichteten. 1084 wird die Schmidtburg erstmalig in einer Urkunde er-

Sandgrube im Unteren Meeressand am Steigerberg bei Eckelsheim.

wähnt. In jüngerer Zeit (1802) hauste hier der Räuberhauptmann Schinderhannes.

Eckelsheim

Die Sandgruben am **Steigerberg** zwischen Ekkelsheim und Wendelsheim erschließen die sandige und konglomeratische Küstenfazies des Unteren Meeressandes. Das vor dem Mitteloligozän geschaffene Relief wurde ab dieser Zeit allmählich ausgeglichen. Der Steigerberg mit dem anstehenden permischen Rotliegend-Rhyolith ragte aus dem damaligen Meer als Insel mit einer Steilküste, an der kubikmetergroße Rhyolithblöcke im Brandungsbereich lagen. Selbst die Schotterkörper weisen viele Muscheln, Schnecken, Brachiopoden, Korallen (*Balanophyllia inaequidens, Haplophelia* cf. *gracilis*), Bryozoen und Haifischzähne (*Odontaspis acutissima, Odontaspis* cf. *cuspidata, Squalus alsaticus*) auf. Häufige Arten bei den Gastropoden sind: *Emarginula (E.) oblonga, Gibbula (Colliculus) sexangularis, Jujubinus (Scrobiculinus) rhenanus, Jujubinus (Scrobiculinus) trochlearis, Jujubinus sp.* (juvenile Formen), *Lemintina sp., Nerita sandbergeri, Patella excentrica, Retusa (Cylichnina) laurenti.* Unter den Muscheln (mehr als 60 Arten) sind hervorzuheben *Arca (A.) sandber-*

geri, *Axinactis (A.) angusticostata*, *Chama (Ch.) exogyra*, *Chlamys (Ch.) picta*, *Crassostrea cyathula*, *Ctena (C.) squamosa*, *Glycymeris (G.) obovata*, *Hiatella (H.) arctica*, *Limatula boettgeri*, *Lithophaga (L.) delicatula*, *Nucula (N.) piligera*, *Paralucinella undulata*, *Pelecyora (Cordiopsis) polytropa*, *Pycnodonte (P.) callifera* (Austern; teilweise mit aufgewachsenen Rankenfußkrebsen *Balanus sp.*), *Saxolucina (S.) heberti*, *Septifer (S.) denticulatus*, *Tivelina depressa* („*Meretrix*"). Vervollständigt wird diese Fossilliste durch die Seekuh *Halitherium schinzii*.

Große Weitung im Kupferbergwerk Fischbach. Ihre Ausmaße erreichen 150 × 30 × 23 m.

Fischbach

Die großen Weitungen im heutigen **Kupferbergwerk Fischbach** unterstreichen seine einstige Bedeutung als Kupferproduzent. Die erste urkundliche Erwähnung stammt aus dem Jahre 1473. Bereits damals stand das Bergwerk in voller Blüte. Aus anderen Bergbaugebieten (z.B. Tirol, Sachsen) wanderten deshalb Bergleute zu. Um 1600 waren hier rund 300 Grubenarbeiter beschäftigt. Die Grube stellt also in dieser Zeit einen Großbetrieb dar. Bedingt durch den Dreißigjährigen Krieg ruhte der Abbau zwischen 1631 und 1699. Danach wurde er bis 1792 weitergeführt. Nach SCHNEIDERHÖHN & KAUTZSCH betragen die Gesamtvorräte noch 72 000 t Erz mit einem

mittleren Kupfergehalt von 1,5–2%, was 1200 t Kupfer entsprechen würde. Damit kann kein rentabler Kupferbergbau mehr betrieben werden.

Eine reiche Erzführung weisen vor allem die Kreuzungen der Gangsysteme des Hosenberger Gangs und des Gelben Gangs auf. Hier kann die Mächtigkeit der Vererzung 15 m betragen. Die Erzführung der Gänge selbst ist bei 0,5–2,2 m Mächtigkeit meist gering. Neben den Gängen läßt sich in dichten Melaphyren eine Vererzung vom Typ der „disseminated copper ores" auf Klüften nachweisen, während poröse Lagen der übereinanderliegenden Melaphyr-Decken (Mandelsteine, Schlackenagglomerate) eine reichere Vererzung in den primären Hohlräumen besitzen. Die Schlackenagglomerate sind beim Erkalten durch die noch fließende Lava zerbrochen. Ab 60 m unter der Talsohle des Hosenbachs folgen im Liegenden der Melaphyre Tonsteine, Sandsteine und Arkosen. Nahe dieser Grenze setzt die Vererzung aus.

Mineralführung des Kupferabbaus Fischbach: Kupferkies, Buntkupferkies, Pyrit, Markasit, Kupferglanz, Zinnober (selten), Malachit, Asphalt.

Gemünden

Der „Flecken" gruppiert sich mit seinen historischen, schiefergedeckten Fachwerkhäusern

Unten: Die große Schieferhalde der Kaisergrube in Gemünden weist auf die ehemalige Bedeutung dieser Grube hin.

Rechts: *Drepanaspis gemündensis* SCHLÜTER, Hunsrückschiefer, Kaisergrube Gemünden. Länge 31 cm; Rö, ×0,65 (Privatsammlung).

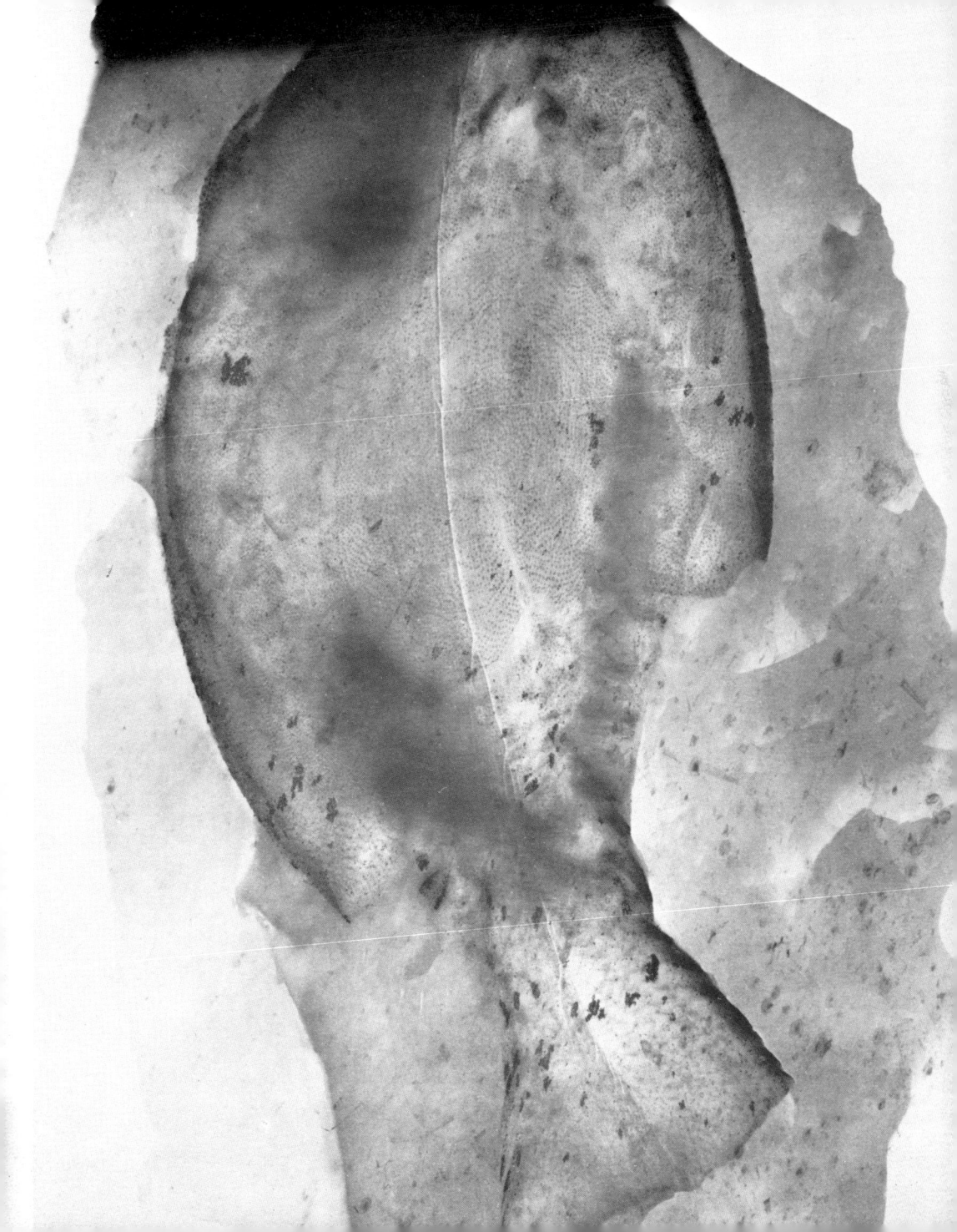

fotogen um das altehrwürdige Schloß. In der evangelischen Kirche ist Gemündener Geschichte in kunstvollen Steindenkmälern erhalten geblieben. Die Geschichte des Ortes ist eng mit dem Schieferbergbau verbunden, gab es doch auf der Gemarkung Gemünden im 19. Jahrhundert mindestens 36 Schiefergruben.

Die **Kaisergrube** ragt als primus inter pares unter den Schiefergruben des Ortes und vielleicht sogar des gesamten Hunsrücks hervor, denn sie war es, die die geologische Bedeutung von Gemünden und Bundenbach begründete. Bereits 1887 wurde der erste „Panzerfisch" des Hunsrückschiefers, *Drepanaspis gemündensis,* aus der Kaisergrube wissenschaftlich beschrieben. Diese maximal 70 cm Länge erreichende Fischart, die in mehreren hundert Exemplaren gefunden worden ist, erscheint fast ausschließlich in einer Schicht, aber dort massenhaft. Dagegen finden sich die anderen Fische, *Gemündenaspis angusta, Stürtzaspis germanica, Gemündina stürtzi* (bis 106 cm Länge) und *Lunaspis heroldi,* meist nur in einzelnen Exemplaren. Als Besonderheit kann die Kaisergrube auch *Rhenechinus hopstätteri,* einen der wenigen aus dem Hunsrückschiefer bekannten Seeigel, und die sehr seltene Seegurke (Holothurie) *Palaeocucumaria hunsrueckiana* vorweisen. An Seelilien sind u. a. bekannt *Calycanthocrinus decadactylus, Codiacrinus schultzei, Cyathocrinus grebei, Iteacrinus nanus* und *Triacrinus elongatus;* an See- und Schlangensternen u. a. *Euzonosoma tischbeiniana, Furcaster palaeozoicus, Helianthaster rhenanus* und *Urasterella asperula.* Der Trilobit *Phacops ferdinandi,* das „heimliche Leitfossil" des Hunsrückschiefers, läßt sich in ganzen Exemplaren und als Häutungsrest finden, während die schon lange ausgestorbenen Conularien weitaus seltener auf der Halde aufzulesen sind (vgl. Fossilliste Hunsrückschiefer). Tentakuliten bedecken häufig ganze Schichtflächen. Goniatiten treten u. a. mit *Mimagoniatites falcistria* auf.

Die ausgedehnte Halde der Kaisergrube gibt eine Vorstellung von den Ausmaßen des unterirdischen Abbaus. Der Stollenbetrieb wurde 1922 durch einen Förderschacht erweitert, um die Produktion zu erhöhen. Der Abbau erfolgte bis 1961 auf drei Sohlen, in 20 m, 40 m und 60 m Tiefe. Die Kaisergrube, deren alter Tagebau in den Geologischen Hunsrück-Lehrpfad Gemünden einbezogen ist, hat heute in zweierlei Hinsicht Bedeutung: Sie stellt das historische Bergbau-Denkmal im Hunsrück dar. Ihr 1969 wieder freigelegter Terrassen-Abbau geht vermutlich bis in das Mittelalter zurück. An den nahezu senkrechten Wänden läßt sich die Arbeit mit der Spitzhacke noch deutlich erkennen. Hinzu kommt, daß im Bereich der Kaisergrube Schichtung und Schieferung parallel verlaufen, was nicht nur die Schiefergewinnung, sondern auch das Studium der im Gestein eingebetteten Fossilien erleichtert, die hier weitgehend unverzerrt überliefert sind. So läßt sich in diesem für den Hunsrück einzigartigen Tagebau ein Einblick in die Entstehungsgeschichte des Hunsrückschiefers gewinnen.

Der **„Geologische Hunsrück-Lehrpfad Gemünden",** eine weitere Attraktion des kleinen Luftkurortes, stellt komprimiert in chronologischer Reihenfolge die Erdgeschichte des Hunsrück-Nahe-Raumes vor. Bis zu 16 t schwere Gesteinsblöcke, zusammengetragen von ungefähr 40 Stellen des Hunsrück-Nahe-Raums, sind längs eines ca. 5 km langen Rundwegs plaziert, der am westlichen Ortsausgang von Gemünden beginnt. Guter Ausbau des Weges, Sitzgruppen und eine „Schwenkbratenhütte" machen die geologi-

Oben: Geologischer Hunsrück-Lehrpfad Gemünden. Der Lageplan verschafft einen Überblick über den 5 km langen Rundwanderweg.

Rechts: Melaphyr-Gruppen im Geologischen Hunsrück-Lehrpfad Gemünden. Die aufgestellten Gesteinsblöcke aus dem gesamten Hunsrück-Nahe-Raum gewähren einen Einblick in die Erdgeschichte dieses Gebietes.

sche Belehrung zu einem angenehmen Rundgang. Die Darstellung des geologischen Werdegangs beginnt mit den Gneisen vom Südrand des Hunsrücks und setzt sich mit den unter- und mitteldevonischen Schichtgliedern des Hunsrücks, angefangen bei den Bunten Schiefern des Gedinne, fort. Die Zeitepochen und Gesteinsgruppen werden auf Hinweistafeln erläutert. Die Beschreibung der Mineralisierung des Hunsrück-Nahe-Raumes seit der varistischen Faltung beschließt den ersten Teil bis zur Wanderhütte. Rotliegend-Gesteine, darunter die charakteristischen Fanglomerate und die Vulkanite (Quarzporphyre und Melaphyre), belegen die permische Abtragung des Hunsrücks und den intensiven Vulkanismus im Nahe-Raum zu dieser Zeit. Weiterhin wird die tertiäre Verwitterung an den eigentlich sehr harten Porphyren wie auch der Einfluß von Tiefenwässern auf Kalk (Karsterscheinungen) anschaulich dargestellt. Die Grobsandsteine und Porphyrblöcke aus dem Mainzer Becken zeigen dagegen marine Ablagerungen (an einer Steilküste). Am Schluß der Wanderung lädt die Halde der Kaisergrube zum Fossiliensuchen ein.

Idar-Oberstein

Das internationale Edelstein-Zentrum ist in diese Rolle im Laufe der Geschichte hineingewachsen. Neben den Achat-Fundstellen (s. S. 88 f.) kann die Bedeutung dieser Stadt von den Ausstellungen im **Museum Idar-Oberstein unterhalb der Felsenkirche** (das ehemalige Heimatmuseum) und von dem **Deutschen Edelsteinmuseum** in der Edelsteinbörse abgeleitet werden.
Während das Deutsche Edelsteinmuseum hauptsächlich geschliffene Edelsteine zeigt, bietet das Museum Idar-Oberstein neben Mineralien aus aller Welt auch Mineralien und Fossilien aus dem Hunsrück-Nahe-Raum, Erzeugnisse der Idar-Obersteiner Schmuckindustrie sowie regelmäßig Sonderausstellungen.
In der **Edelsteinmine Steinkaulenberg** wird der historische Achat-Bergbau in den Melaphyren des Rotliegenden wieder lebendig, der erstmalig 1454 durch Urkunden belegt ist (siehe S. 96 f.).

Museum Idar-Oberstein mit Felsenkirche und Neuem Schloß. Das Museum (früher „Heimatmuseum") zeigt unter anderem die größte öffentlich zugängliche Mineraliensammlung der Region.

Jeckenbach

Die Jeckenbacher Schichten (Unterrotliegendes) bei Jeckenbach sind Ablagerungen eines Süßwassersees.
An Fossilien seien genannt die beiden molchartigen Saurier *Branchiosaurus cf. petrolei* und *Branchiosaurus humbergensis,* der zu den Palaeonisciden gehörende *Paramblypterus gelberti,* der amphibisch lebende, bis über 1 m große Saurier *Sclerocephalus sp.* und der kleine Krebs *Uronectes fimbriatus.* Gefunden hat man auch eine ausgewachsene Eintagsfliege, deren Larven aquatisch lebten und die

weitgehend rezenten Formen gleicht. Die genannten Fossilien treten in einer vielfach in Linsen aufgelösten Toneisensteinlage auf. Bei den Branchiosauriern findet man häufiger Tiere im „Larvenstadium" und seltener ausgewachsene. Die „Jungtiere" sind nicht nur kleiner, ihr Skelett zeigt auch einen geringeren Grad der Verknöcherung. Zugrunde gegangen sind die Tiere an Sauerstoffmangel; sie wurden nach dem Tode von Wasserströmungen zusammengeschwemmt.

Rechts oben: Calcit auf Amethyst (Höhe des Calcitkristalls 3 cm). Steinbruch Juchem, Niederwörresbach (Slg. Dröschel, Idar-Oberstein).

Rechts: Pyrit auf Calcit mit Amethyst (Höhe des Calcitkristalls 2,5 cm). Steinbruch Juchem, Niederwörresbach (Slg. Museum Idar-Oberstein unterhalb der Felsenkirche).

feuchten Sand am Rand eines Sees erhalten geblieben sind. Pflanzenreste (*Annularia spicata*) lassen sich seltener finden.

Langenthal

Der unter Naturschutz stehende Aufschluß am Gaulbach, 1 km nördlich Langenthal, besitzt hohe Bedeutung. Er stellt den einzigen Punkt im Hunsrück-Nahe-Raum dar, an dem die Überlagerung der gefalteten Schichten des Hunsrücks durch das Rotliegende der Nahe-Senke sichtbar ist. Damit wird eine Faltung der Hunsrückgesteine vor Ablagerung der Tonsteine, Sandsteine und Konglomerate der Kuseler Gruppe (und Lebacher Gruppe?) belegt. Weiterhin veranschaulichen diese permischen Gesteine ein Relief, Abtragung im Hunsrück und Sedimentation mächtiger Schuttmassen im Nahe-Becken. Die hämatitreichen Tonsteine sind ein umgelagertes lateritisches Verwitterungsmaterial und zeigen als solche für das tiefe Unterrotliegende ein hauptsächlich wechselfeuchtes tropisches Klima an. Ein Violetthorizont unter der hängenden Konglomeratbank beweist sogar eine Bodenbildung an Ort und Stelle.

Diskordanz am Gaulbach nördlich Langenthal. Die stark geschieferten Phyllite der Metamorphen Südrandzone des Hunsrücks werden diskordant von Unterrotliegend-Gesteinen überlagert (Bildhöhe ca. 6 m).

Obermoschel

Seit dem 15. Jahrhundert wurde am **Landsberg** (= Moschellandsberg) bei Obermoschel neben Silber Quecksilber gewonnen. Die Blütezeit des Quecksilberabbaus fällt in die zweite Hälfte des 18. Jahrhunderts. Beim Abbau zwischen 1934 und 1942 konnten lediglich Erze mit 0,06–0,1 % Quecksilberanteil gefördert werden, dessen Gewinnung nur Verlust einbrachte.

Von den terrestrisch lebenden Tetrapoden *Gilmoreichnus kablikae, Gilmoreichnus minimus, Hyloidichnus arnhardti, Jacobiichnus caudifer, Saurichnites incurvatus, Saurichnites intermedius, Saurichnites salamandroides* sind nur Fährten bekannt, die als Abdruck im

Odernheim

In der Umgebung von Odernheim am Glan geben mehrere Aufschlüsse Einblick in die Sedimente des Unterrotliegenden (Mittlere Lebacher Gruppe bis Tholeyer Gruppe). Die Odernheimer Schichten, teilweise Ablagerungen eines flachen Sees („Odernheimer See"), sind in Kalken/Dolomiten und Papierschiefern fossilreich. Die Papierschiefer stellen als Stillwassersedimente Rhythmite dar mit abwechselnden hellen und dunklen Lagen (unterschiedlich hohe organische Gehalte). Während periodischer Planktonblüten kam es zu einem Sauerstoffdefizit im Tiefenwasser des Sees. Dabei ging die individuenreiche, aber artenarme Fauna (*Sclerocephalus sp., Branchiosaurus* cf. *petrolei, Branchiosaurus sp., Micromelerpeton credneri*) zugrunde, und die Tiere wurden im Sediment eingebettet.

An Pflanzenresten treten, nicht sehr häufig, Farne (*Pecopteris sp.*) und Nacktsamer (*Ernestiodendron sp.*) auf. Der vorhandene Pyrit verwittert an der Oberfläche zu Natro-Jarosit. In den höheren Serien gehen die Seeablagerungen allmählich in Flußsedimente über. Daran schließen sich wieder Tone und Silte (mit Papierschiefern) eines weiteren Sees („Winnweger See") an, die ebenfalls Fossilreste führen. Anschließend leiten Turbiditfolgen in diesem flachen See zu Deltasedimenten und fluviatilen Schüttungen über.

Rockenhausen

1567 waren am **Stahlberg** bei Rockenhausen 9 Quecksilbergruben in Betrieb. 1865 stellte die letzte dieser Gruben den Abbau ein, weil der Quecksilbergehalt der Erze zu niedrig geworden war. Etwa 50 Jahre zuvor soll er noch bei 0,55–0,6 % gelegen haben, sank dann aber rasch auf 0,15–0,3 %. Im Zusammenhang mit dem Quecksilberbergbau wurde vor allem im 16. Jahrhundert für kurze Zeit auch Silber ausgeschmolzen.

Die Erze treten an Störungen in Schiefertonen und Sandsteinen des Unteren Rotliegenden auf. Kreuzungen und Ruschelzonen sind besonders erzreich. Zinnober läßt sich auch als Imprägnation im Nebengestein finden.

Mineralführung der Gruben am Stahlberg: Zinnober, Quecksilber, Amalgam, Silber und eine große Anzahl Primär- und Sekundärmineralien.

Rudolfshaus

Die **Grube Altlayenkaul** in Rudolfshaus an der Straße Bundenbach – Kirn geht mindestens bis in das 17. Jahrhundert zurück. 1953 wurde der Katharinenschacht neu abgeteuft. 1956 arbeiteten noch 54 Leute in der Grube. Infolge eines Stolleneinbruchs während eines arbeits-

„*Zaphrentis*" sp., Hunsrückschiefer, Bundenbach. Länge 4 cm; Rö, ×1,15 (Slg. Kneidl).

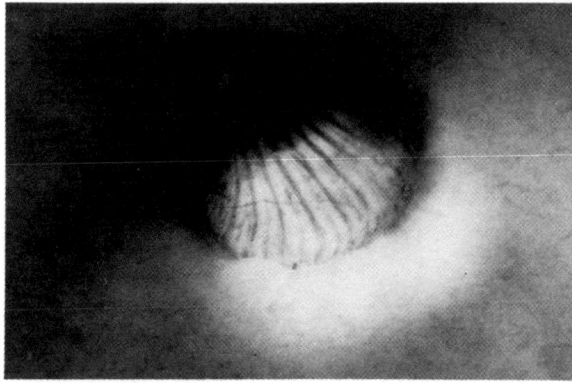

Links: Blick von Schloß Dhaun über das Kellenbachtal zum Soonwald (rechts, mit Steinbruch Henau bei Gemünden) und Lützelsoon (links).

Links unten: Oberhalb Kirn-Kallenfels liegt auf den Kallenfels-Quarzitklippen die Ruine Steinkallenfels.

freien Wochenendes mußte die Altlayenkaul 1979 stillgelegt werden. Auf der Halde lassen sich heute noch viele Fossilien, vor allem Korallen (*„Zaphrentis"*) und Trilobiten (*„Phacops"*) finden. Muscheln mit einer Größe von 10–15 cm (*„Ctenodonta"*) stellen hier eine Ausnahme dar.

Schloß Dhaun

An der Straße südlich Schloß Dhaun (erste Linkskurve) in Richtung Johannisberg kann der geologisch Interessierte die große Gesteinsverschiebung zwischen dem Hunsrück (Phyllite der Metamorphen Südrandzone) im Norden und der Nahe-Mulde (Konglomerate und Tonsteine des Rotliegenden) im Süden studieren. Die Verwerfung zieht genau im Tal zwischen den beiden Aufschlüssen an der Straße durch.

Simmern

Es dürfte weniger bekannt sein, daß die Herzöge von Simmern die Stammväter der bayerischen Wittelsbacher waren. Die Kreisstadt bietet mit den Kunstdenkmälern in der Stephanskirche und dem „Hunsrücker Heimatmuseum" im Schloß gepflegte Stätten der Kultur. Das **Heimatmuseum** bietet neben anderem Sehenswerten vor allem Vor- und Frühgeschichte sowie Geologie mit Hunsrückschiefer-Fossilien.

Parisangulocrinus sp (?furcaxialis) W. E. SCHMIDT mit einer Jugendform von *Eospondylus primigenius* (STÜRTZ) (Durchmesser 1 cm). Deutlich ist der Ventralsack (5 cm) in der Krone der größeren Seelilie zu erkennen. Hunsrückschiefer, Bundenbach. Oberflächenaufnahme (Slg. Heimatmuseum Simmern).

Einige Kilometer von Simmern entfernt kann man als Hunsrücker Sehenswürdigkeiten den „Hunsrückdom" in Ravengiersburg und bei Sargenroth die historische Nunkirche (in der Nähe der Jugendherberge) besichtigen.

Sobernheim

Im Verzahnungsbereich der Waderner mit den Sponheimer Schichten tritt in der Tongrube der **Ziegelei Eimer** ein ungefähr 2 m mächtiges Paket grüner Tone und Mergel zwischen den roten Tonen, Sandsteinen und Fanglomeraten auf. Diese Schicht führt eine reiche Flora, die in einem temporären Süßwassersee während eines semiariden bis ariden Klimas abgelagert worden ist. Die Leitpflanze *Callipteris conferta*, ein Farn, belegt Rotliegendes. Aber nicht nur Farne einschließlich Samenfarne (u.a. *Alethopteris, Callipteris, Pecopteris, Weissites*), sondern auch Schachtelhalme (u.a. *Annularia, Calamites, Calamostachys, Sphenophyllum*) und Nacktsamer (*Cordaites, Ernestiodendron, Lebachia = Walchia* i.e.S., *Ullmannia*) kommen recht häufig vor.

Nicht so reichhaltig läßt sich die damalige Tierwelt belegen. Man fand Fischreste (Stacheln von *Acanthodes ?gracilis*), Muscheln (*Anthracomya carbonaria*), Estherien (*?Cyzicus tenella*), Ostrakoden (*Carbonita sp.*), Süßwassermedusen (*Medusites sp.*), Insekten (*Amblymylacris sp.*) und einen Saurier (*Tersomius graumanni*). Bislang faziell in das Oberrotliegende eingestuft, spricht die Flora (Makro- und Mikroflora) eher für Unterrotliegendes. Die umgebenden Rotsedimente führen eine erstaunlich hohe Anzahl von Saurierfährten, die wohl die Altersfrage klären können. Die vollständige Faunen- und Florenliste des Sobernheimer Fundpunktes findet sich unter „SP" (Sponheimer Schichten) in der Fossilliste Rotliegendes auf Seite 46 f.

Steinhardt

Die Sandgruben nördlich und nordöstlich des Ortes, vor allem die noch im Abbau stehende große Sandgrube, liefern die „Steinhardter Erbsen" (vgl. S. 57). Mit diesen Barytkonkretionen läßt sich ein tieferer Bereich mit marinen Fossilien des Unteren Meeressandes von einem höheren Teil (Oberer Meeressand) mit hauptsächlich Pflanzenresten abgrenzen. Die Flora wurde in einer Strandzone eingebettet. Bei den bis 17 cm langen Koniferenzapfen können mehrere Arten unterschieden werden („Lärche", „Kiefer", „Fichte"). Der höhere Teil enthält auch die Schnecken *Pirenella plicata papillata* und *Potamides lamarcki*. Sie belegen Oberen Meeressand.

Waldalgesheim

Am Nordrand von Waldalgesheim liegt die Grube Amalienhöhe (ein zur Zeit geschlossenes Besucherbergwerk). Sie stand von 1885 bis

---

Die „Steinhardter Erbsen" enthalten häufig barytisierte Koniferenzapfen (Länge der aufgeschnittenen Konkretionen 12 cm), Holzreste und Muscheln (*Axinactis* [„*Pectunculus*"] *angusticostata*). Oberer Meeressand, Sandgrube bei Steinhardt (Slg. Conradt, Simmertal).

Fossilliste Unterer Meeressand

Korallen (Anthozoa)
Balanophyllia inaequidens

Schnecken (Gastropoda)
Ampullina crassatina
Aporrhais oxydactylus
Benoistia abbreviata
Benoistia boblayi
Bittium sublima
Calyptraea striatella
Conus symmetricus
Cymia monoplex
Gibbula sexangularis
Margarites margaritula
Trophon deshayesii
Turboella turbinata
Streptochetus cheruscus elongatus

Muscheln (Lamellibranchiata)
Axinactis angusticostata
Callista splendida
Crassatella bronni
Crassostrea cyathula
Glycymeris obovata
Isognomon maxillata sandbergeri
Lithophaga delicatula
Pycnodonte callifera
Spondylus tenuispina

Fische (Pisces)
Carcharodon angustidens

Fossilliste Oberer Meeressand

Begleitfauna: Mikrofauna
Begleitflora: Holzstücke, Blätter

Pflanzen
Pinus sp. (Koniferenzapfen)

Tiere

Schnecken (Gastropoda)
Gibbula sexangularis
Pirenella plicata papillata
Potamides lamarcki
Sigatica hantoniensis („Natica")
Turboella turbinata

Muscheln (Lamellibranchiata)
Chama exogyra
Chlamys picta
Corbula gibba
Corbula subaequivalvis
Cyprina rotundata
Glossus subtransversus
Panopea angusta

1972 in Betrieb. Ab 1964 erfolgte der Abbau allein auf das Liegende der Manganerze, den mitteldevonischen Dolomit, der als Zuschlagstoff bei der Verhüttung von Erzen benötigt wird (Manganerze s. S. 94 f.).

Waldböckelheim

Bereits 1859 entdeckte WEINKAUFF, der erste geologische Bearbeiter dieses Gebietes, auf der Südseite des **Welschberges** bei Waldböckelheim eine große Zahl aufgewachsener Austern (*Pycnodonte callifera, Crassostrea cyathula*). Sie sitzen häufig auf abgerundeten Melaphyr-(Latit-)blöcken, die ihre Form in der Brandungszone zur Zeit des Unteren Meeressandes (Mitteloligozän) erhalten haben.
Der Latit des Welschberges grenzt außer im Norden allseitig an Tertiär. Der Untere Meeressand, der hier neben Rupelton und Oberem

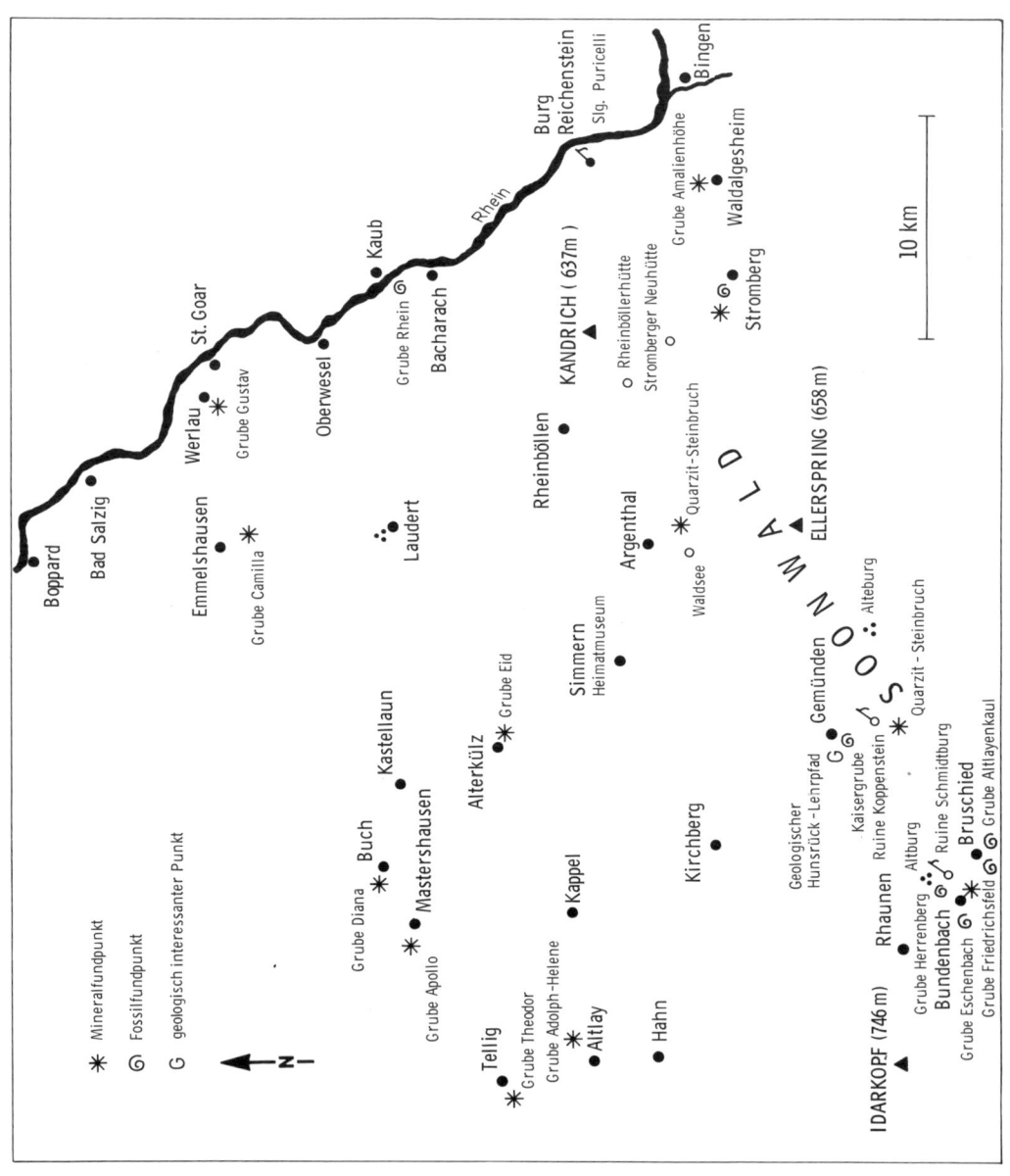

Fundpunkte und Sehenswürdigkeiten im östlichen Hunsrück.

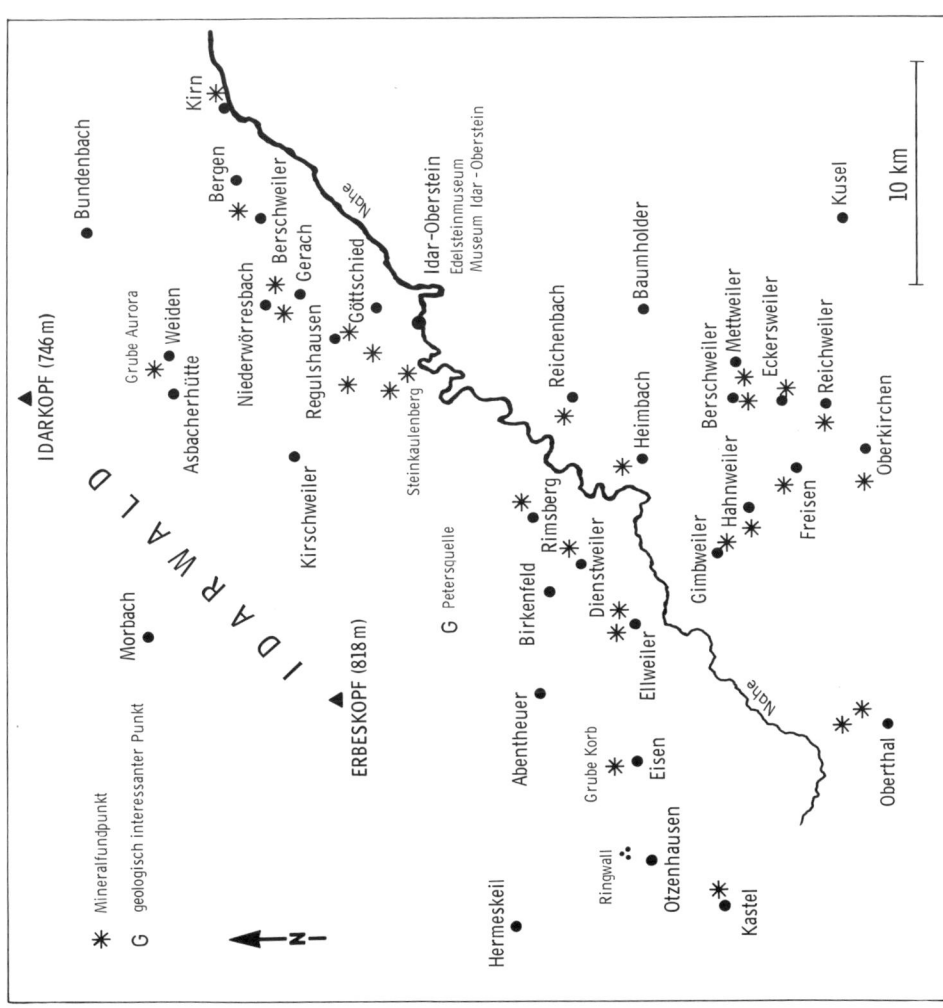

Fundpunkte und Sehenswürdigkeiten in der Umgebung der Oberen Nahe.

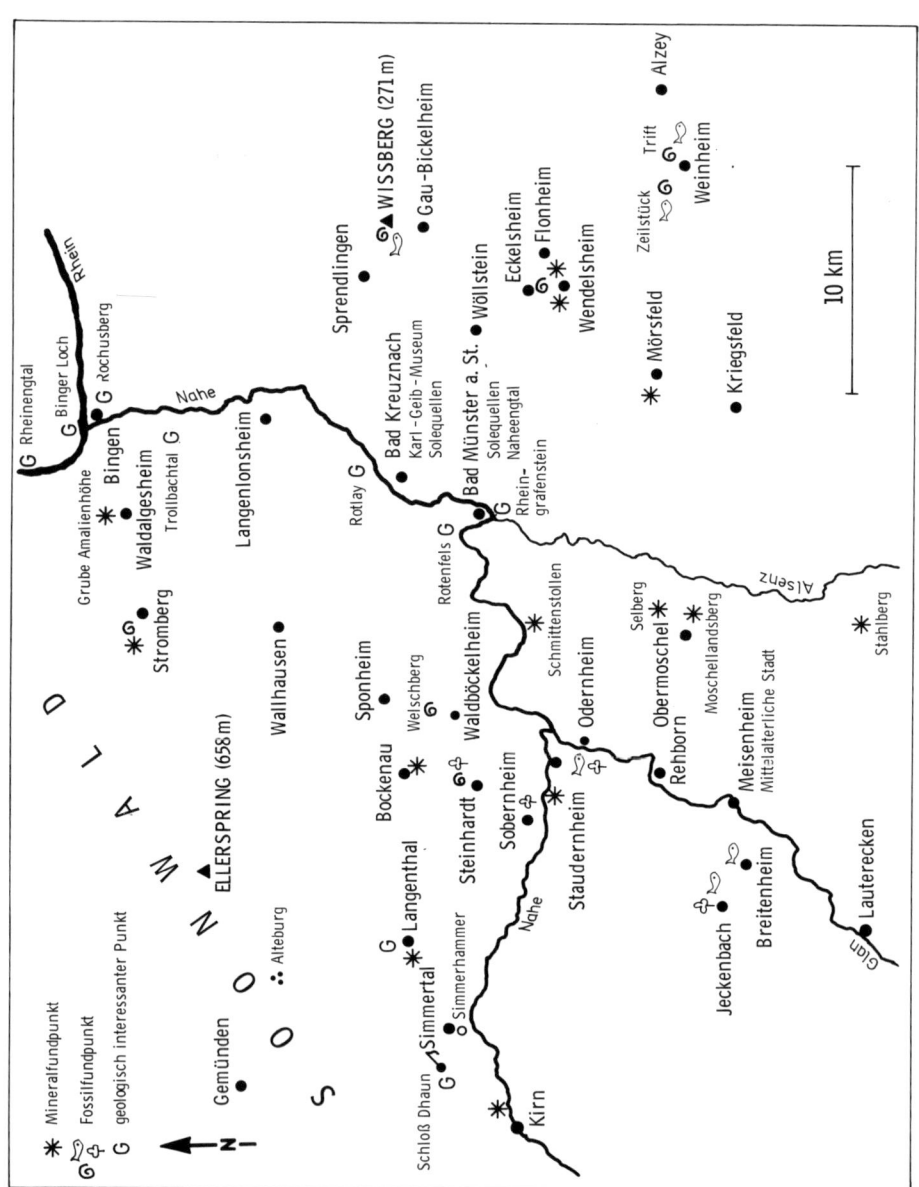

Fundpunkte und Sehenswürdigkeiten in der Umgebung der Unteren Nahe.

Meeressand auftritt, weist an einigen Stellen eine reichhaltige Fauna auf. Die Absenkung des Sedimentationsraumes läßt sich am Welschberg in der Überlagerung des Unteren durch den Oberen Meeressand nachvollziehen. Die damalige Küste verlief knapp südlich des Welschberges. Zur Zeit des Unteren Meeressandes waren ihr eine Austernbank und ein Korallenriff vorgelagert.

Die Makrofauna ist arten- und individuenreich. Dies trifft besonders auf die Gastropoden zu; das Artenspektrum unterscheidet sich jedoch von dem bei Alzey. In den Feinsanden, die meist einen Tonanteil besitzen und teilweise nachträglich mit Kalk zementiert worden sind, dominieren Schlickbewohner. Muscheln und Schnecken überwiegen gegenüber den Mikrofossilien (Ostrakoden, Foraminiferen). Korallen lassen sich immer beobachten (*Balanophyllia sinuata, Haplophelia gracilis*). Pflanzenreste sind als Einschwemmungen vom Land anzusehen. Der zu den niederen Krebsen gehörige *Balanus stellaris* (auf den Austernschalen) stellt einen besonders charakteristischen Bewohner der Brandungszone dar. Häufig sind die **Schnecken** *Acteon (A.) punctatosulcatus, Aporrhais (A.) oxydactylus, Benoistia (B.) boblayi, Bittium (B.) sublima, Conomitra inornatum, Conus (Hemiconus) symmetricus, Emarginula (E.) nystiana, Lunatia dilatata, Retusa (Cylichnina) laurenti, Sigatica hantoniensis, Theodoxus (Vittoclithon) fulminiferus, Turboella (Apicularia) turbinata.*

Bei den **Muscheln** sind neben den vereinzelt auftretenden großen *Callista (Macrocallista) splendida* und *Pelecyora (Cordiopsis) polytropa* wichtig: *Axinactis (A.) angusticostata („Pectunculus"), Corbula (Varicorbula) gibba, Crassostrea cyathula („Ostrea"), Cyclocardia orbicularis, Glycymeris (G.) obovata („subterebratularis"), Isognomon (I.) heberti, Isognomon (Hippochaeta) maxillata sandbergeri („Perna").*

Artenreich zeigen sich auch die Fische, sind doch von dieser Fundstelle bisher 22 Arten durch Otolithen bekannt geworden. Haifischzähne sind dagegen selten.

Karten und Wanderführer

Das beschriebene Gebiet decken folgende topographische Karten im Maßstab 1:25000 ab: Blatt Nr. 5711, 5810–5812, 5909–5912, 6009–6013, 6108–6114, 6208–6215, 6307–6314, 6407–6410. Weiterhin sei auf die Karten der Verbandsgemeinden im Maßstab um 1:25 000 hingewiesen. Von der Deutschen Generalkarte 1:200 000 werden die Blätter 12 und 15 benötigt.

ANHÄUSER, U.: Hunsrück. – 228 S., Stuttgart 1981 (mit Verzeichnis der Jugendherbergen, Naturfreundehäuser, Kreisverkehrsämter, Verbandsgemeindeverwaltungen).

DUMLER, H.: Rundwanderungen Hunsrück. – 109 S., Stuttgart 1974.

DUMLER, H.: Hunsrück. – 55 S., Stuttgart 1974.

HEUSER, E.: Neuer Pfalzführer. – 624 S., Ludwigshafen/Rh. 1979.

KLEIN, R.: Wanderbuch Pfälzerwald–Hunsrück.–161 S., München 1982 (mit einem Wanderheft).

Polyglott-Reiseführer Hunsrück. – 64 S., München 1976.

RÖSCH, H.-E.: Die 100 schönsten Rad-Touren. Rund- und Streckentouren im Hunsrück, in der Pfalz, im Saarland. – Kompass-Radwanderführer, 343 S., Stuttgart 1982 (mit Tips und Adressen).

SCHELLACK, G. (Hrsg.): Hunsrück in Wort und Bild. – Schriftenreihe des Hunsrücker Geschichtsvereins, **9**, 65 S., Simmern o. J.

Literatur

ARENDT, W.: Eine Fauna aus dem Unteren Meeressand (Rupelium) des Mainzer Beckens. – Der Aufschluß, **34**, 145–151, Heidelberg 1983.
ATZBACH, O. & GEIB, K. W.: Zur Gliederung des sedimentären Oberrotliegenden (Nahe-Gruppe) in der Nahe-Mulde. – Mainzer geowiss. Mitt., **1**, 9–16, Mainz 1972.
BIRENHEIDE, R.: Zur Geographie lebender und devonischer Riffe. – Natur und Museum, **108**, 274–281, Frankfurt a. M. 1978.
BOY, J. A.: Überblick über die Fauna des saarpfälzischen Rotliegenden (Unter-Perm). – Mainzer geowiss. Mitt., **5**, 13–85, Mainz 1976.
BOY, J. A. & FICHTER, J.: Zur Stratigraphie des saarpfälzischen Rotliegenden (?Ober-Karbon – Unter-Perm); SW-Deutschland). – Z. dt. geol. Ges., **133**, 607–642, Hannover 1982.
BRANDT, H. P. (Hrsg.): Zur Geschichte des Bergbaus an der oberen Nahe. – 109 S., Idar-Oberstein 1978.
BRASSEL, G.: So präpariert man Fossilien in Schieferplatten. – KOSMOS, **1972**, 12, 501–507, Stuttgart 1972.
CLOOS, H.: Geologische Strukturkarte der Mittelgebirge. – Geol. Rdsch., **44**, 480–481, Stuttgart 1955.
FALKE, H.: Das Rotliegende des Saar-Nahe-Gebietes. – Jber. u. Mitt. oberrh. geol. Ver., N. F. **56**, 1–14, Stuttgart 1974.
FISCHER, W.: Von der Entstehung der Achate. – Der Aufschluß, Sdh. **3**, 40–43, Roßdorf 1956.
Führer zu vor- und frühgeschichtlichen Denkmälern. Nördliches Rheinhessen, **12**, 260 S., Mainz 1976.
Führer zu vor- und frühgeschichtlichen Denkmälern. Westlicher Hunsrück, **34**, 299 S., Mainz 1977.
GRAUMANN, B. M.: Fische, Saurier, Haie. Fossilien aus dem pfälzischen Rotliegenden. – Mineralien-Magazin, **7**, 12–15, Stuttgart 1983.
KNEIDL, V.: Zur Geologie des Hunsrücks. – Der Aufschluß, Sdh. **30** (Koblenz), 87–100, Heidelberg 1980.
KUHN, O.: Die Tierwelt der Bundenbacher Schiefer. – 48 S., Wittenberg 1961.
KUTSCHER, F.: Das Devon des Hunsrücks. – Der Aufschluß, Sdh. **19** (Idar-Oberstein), 77–86, Heidelberg 1970.
KUTSCHER, F.: Die Versteinerungen des Hunsrückschiefers. – Der Aufschluß, Sdh. **19** (Idar-Oberstein), 87–100, Heidelberg 1970.
LEHMANN, W. M.: Die Asterozoen in den Dachschiefern des rheinischen Unterdevons. – Abh. hess. L.-Amt Bodenforsch., **21**, 160 S., Wiesbaden 1957.
MEYER, W.: Geologische Denkmäler. Der Rheindurchbruch bei Bingen. – Mineralien-Magazin, **4**, 415–418, Stuttgart 1980.
MITTMEYER, H.-G.: Zur Neufassung der Rheinischen Unterdevon-Stufen. – Mainzer geowiss. Mitt., **3**, 69–79, Mainz 1974.
MORENZ, O.: Führer durch die Deutsche Edelsteinstraße und ihre Edelstein-Fundstellen mit kleiner Edelsteinkunde. – 96 S., Idar-Oberstein o. J.
MÜLLER-BUTZIN, D. unter Mitarbeit von KESSLER, H.: Wo die edlen Steine liegen. Führer zu den Mineral- und Edelsteinfundstellen im „Land des Blauen Löwen". – 24 S., Idar-Oberstein 1980.
OPITZ, R.: Bilder aus der Erdgeschichte des Nahe-Hunsrück-Landes Birkenfeld. – 223 S., Birkenfeld 1932.
ROSENBERGER, W.: Beschreibung rheinland-pfälzischer Bergamtsbezirke. Bd. 3: Bergamtsbezirk Bad Kreuznach. – 376 S., Bad Marienberg 1971.
SCHMELTZER, H.: Rheinland-Pfalz und Saarland. – Mineral-Fundstellen, **6**, 189 S., München 1977.
SEYFERT, C. K. & SIRKIN, L. A.: Earth history and plate tectonics: An introduction to historical geology. – 504 S., New York 1973.
SONNE, V.: Einführung in die Geologie des Mainzer Beckens. – Jber. u. Mitt. oberrh. geol. Ver., N. F. **56**, 15–19, Stuttgart 1974.
STRACK, D. & STAPF, K. R. G.: Ist der Kreuznacher Sandstein des Rotliegenden äolisch oder fluviatil entstanden? – Geol. Rdsch., **69**, 892–921, Stuttgart 1980.
STÜRMER, W. & BERGSTRÖM, J.: New discoveries on trilobite by x-rays. – Paläont. Z., **47**, 104–141, Stuttgart 1973.
STÜRMER, W., SCHAARSCHMIDT, F. & MITTMEYER, H.-G.: Versteinertes Leben im Röntgenlicht. – Kleine Senckenberg-Reihe, **11**, 79 S., Frankfurt a. M. 1980.
THEIS, O.: Fossilien im Bundenbacher Schiefer. Schöpfung und Geschenk. – 52 S., Bundenbach 1980 (2. Aufl.).
VFMG (Hrsg.): Vom Hunsrück zum Westrich. Zur Geologie des oberen Nahegebietes um Idar-Oberstein. – Der Aufschluß, Sdh. **3**, 76 S., Roßdorf 1956.
VFMG (Hrsg.): Idar-Oberstein. – Der Aufschluß, Sdh. **19**, 201 S., Heidelberg 1970.
VFMG (Hrsg.): Saarland. Tagungsheft zur VFMG-Sommertagung 1982 in Oberthal (N-Saarland). – 176 S., Heidelberg 1982.
WILD, H. W.: Bodenschätze und Bergbau im ehemaligen oldenburgischen Landesteil Birkenfeld. – 62 S., Birkenfeld 1983.

Glossar

Amphibolit: Aus mergeligen Sedimenten entstandenes metamorphes Gestein, das hauptsächlich aus Amphibol (= Hornblende) und Feldspat besteht.
Conodonten: Als Conodonten werden mm-große, zahnähnliche, aus Calciumcarbonat und Fluorapatit bestehende Fossilien bezeichnet, die die einzigen, erhaltungsfähigen Hartteile eines wurmähnlichen Tieres darstellen. Bisher ist nur ein vor kurzem gefundener 4 cm langer „Wurm" bekannt, bei dem die Conodonten im Bereich des Kopfes systematisch angeordnet sind („Conodonten-Apparat").
Diabas: Leicht veränderte, vor dem Oberkarbon entstandene Basalte. Metadiabase stellen metamorph veränderte Diabase dar.
Eiszeit: In Deutschland sind vor allem folgende Eiszeiten (Kaltzeiten) bekannt: Biber-, Donau-, Günz-, Mindel (Elster)-, Riss (Saale)-, Würm (Weichsel)-Eiszeit. Die Biber-Eiszeit begann vor ca. 700 000 Jahren, die Würm-Vereisung endete vor 12 000 Jahren. Die Kaltzeiten können durch Interglaziale (Warmzeiten) und Interstadiale (kurz andauernde Abschmelzzeiten der Gletscher) gegliedert werden.
Fumarole: Vulkanische Gas-Dampf-Quelle mit Temperaturen zwischen 200 °C und 1000 °C.
Geosynklinale: Großbecken, aus dem sich später ein Faltengebirge entwickelt.
Grauwacke: Meist graues Sedimentgestein, für das Gesteinsbruchstücke und eine feinkörnige Grundmasse charakteristisch sind. Grauwacken weisen häufig eine Gradierung auf (Turbidite).
Grünschiefer: Leicht metamorphe (= epimetamorphe), vulkanische Gesteine.
Korallen: Im Devon und Karbon sind die tabulaten und rugosen Korallen (Tabulata, Rugosa) charakteristisch. Tabulate Korallen treten stets koloniebildend auf. In den Röhren der Einzeltiere finden sich Querböden. Bei den Rugosa kommen solitäre und koloniebildende Formen häufig mit verschachtelten, schrägen Böden vor. Die Böden werden beim Wachstum der Individuen gebildet.
Melaphyr: In der deutschen Literatur Name für Basalte des Oberkarbon und Perm. Heute gliedert man die basischen und intermediären permischen Magmatite des Nahe-Raumes in Ergußgesteine (Basalte, Andesite, Dazite) und Ganggesteine (Palatinite, Tholeyite, intrusive Andesite, Kuselite, Latite). Bisher können im Raum Birkenfeld – Idar-Oberstein mehr als 10 basische Lavadecken mit unterschiedlichen Mandelstein-Gehalten auskartiert werden. Diese Gesteine dürften an einer Plattengrenze gebildet worden sein.
Metamorphose: Umwandlung von Gesteinen durch Änderung von Temperatur und Druck.
Orogenese: Gebirgsbildung. Taucht z. B. der Ozeanboden unter einen Kontinent ab, so entsteht in der Folgezeit ein Gebirge (Beispiel: Anden).
Paragneis: Aus Sedimenten hervorgegangenes, metamorphes Gestein. Demgegenüber entstehen Orthogneise aus Graniten und ähnlichen Gesteinen.
Phyllit: Metamorpher Tonschiefer; Kalkphyllit bzw. Serizitphyllit enthalten zusätzliche Mineralien (Calcit, Serizit).
Plattentektonik: In den sechziger Jahren sich durchsetzende Vorstellung, wonach sich die Erde in Platten (Kontinentplatten, Ozeanplatten) einteilen läßt und diese sich gegeneinander verschieben können. Die Ursache dieser Bewegung liegt in der Bildung neuen Ozeanbodens an den mittelozeanischen Rücken. Die Ozeanplatte kann in bestimmten Zonen (Subduktionszonen) unter die Kontinentplatte abtauchen (heute z. B. Anden, Japan). Deshalb stellen die Ozeane (bis ca. 200 Millionen Jahre alt) gegenüber den Kontinenten (bis mehr als 3 Milliarden Jahre alt) junge Gebilde dar.
Pteridophyta: Eine Gruppe farnartiger Pflanzen.
Quarzit: Aus Sand durch völlige Verfüllung der Poren mit Quarz entstandenes Gestein. Bei einem Sandstein ist der Porenraum nur teilweise ausgefüllt.
Quarzporphyr: Dem Granit entsprechendes, saures Ergußgestein, das heute je nach Chemismus Rhyolith oder Rhyodazit genannt wird. Diese Gesteine bilden sich häufig nach explosiven Vulkanausbrüchen (Glutwolkenabsätze = Ignimbrite). Rezente Beispiele: Katmai/Alaska, Tambora/Indonesien.
Stilpnosiderit: Gemisch aus Goethit und Hämatit.
Thallophyta: Vielzellige Algen (ohne Blaualgen), Pilze und Flechten werden als Thalluspflanzen oder Thallophyta bezeichnet. Sie bilden zwar feste Zellwände, aber keine Stützelemente aus. Deshalb nennt man sie auch „Lagerpflanzen", da sie im Wasser am Boden „lagern".
Tuff: Ein vulkanisches Lockerprodukt, das sekundär verfestigt worden ist. Davon zu unterscheiden sind die porösen Sinterabsätze aus Kalk (Kalktuff).
Turbidit: Bezeichnung für Sedimente mit nach oben feiner werdender Körnung (Gradierung). Das Material dazu rutscht von subaquatischen Hängen ab und wird mit einer starken Strömung weiter transportiert. Aus diesem Trübestrom setzen sich bei nachlassender Geschwindigkeit zuerst die großen Komponenten ab.

Register

Halbfett gedruckte Seitenzahlen verweisen auf Abbildungen

Abentheuer 92 f.
Achat 49 f., 84 ff., **85**, **86**
— Bergbau 96 f.
— Bildung 84 ff.
— Fundpunkte 49, 87 ff.
Acrospirifer primaevus 21 f., **23**
Allenbacher Hütte 90, 92
Altburg 9, **9**, 104
Alteburg **9**
Alterkülz 38
Altlay 11, 38
Alzey 53, 55, 60, 90, 98 f.
Alzeyer Meeressand 55, 98
Amethyst 50, 87, **88**, 89, **113**
Amphibien 44 f., 51, 112
Amphibolit 15, 125
Ampullina crassatina **54**, 98
Anetoceras arduennense **75**
Arctica islandica rotundata 55
Argenthal 38, 93, 95
Asbacherhütte 22, 92, 97
Asteropyge sp. **69**
Axinactis angusticostata 107, **118**

Bacharach 11, 72
Bad Kreuznach 8, 11 f., 45, 51, 53 f., 57, 60, 100
Bad Münster a. St. 13, 82, 90, 100 f., **100**
Baryt 20, 38, 57, 87, 89, 95 f., 118
— -sandstein 57
Baumholder 45, 49, 88, 90, 95 f.
Belg/Kirchberg 82 f.
Bergbau 81 ff., 90 ff.
Bergen 88, 95
Bergkristall **39**, 50, **85**, 89
Berschweiler/Baumholder 88
Berschweiler/Kirn 88, 92
Besucherbergwerke 101, 104 f., 107 f., 112, 118
Bingen 11 f., 38, 53, 64, 101 f., **101**
Birkenfeld 11 f., 38, 82 f., 88

Blei-Zink-Erze 38, 90, 114
Böschweiler 95
Boucotstrophia herculea **23**, 103
Branchiosaurus cf. petrolei **44**, 45, 112, 115
Breitenheim 102
Bruschied 23, 102 f.
Bundenbach 6, 11, 38, 68, 70, 82 f., 103 ff.
Bunte Schiefer 19, 21, 111

Calamites sp. **45**
Calcit 38, **49**, 50, **85**, 87, **113**
Callbach **42**
Carcharodon angustidens **54**
Cerithien-Schichten 60
— Fossilliste 62
Chalcedon 50, 86 f., 89, 96
Cheloniellon calmani **26**
Codiacrinus schultzei **32**
Conodonten 20, 35 f., 38, 125
Conularia gemündina **32**
Corbicula-Schichten 60, 63
— Fossilliste 62
Cyclotheme 19
Cyrenenmergel 58, 60
— Fossilliste 61

Dachschiefer 6, 11, 31 f., 39, 81 ff., **82**
Devon 15, 19 ff., 66 ff.
— Fossillisten 23 ff., 28 ff., 33, 37
— Gliederung 20
Dickenschied 11
Dienstweiler 87, 89
Dinotheriensande 63
— Fossilliste 63
Diskordanz **114**
Drepanaspis gemündensis 70, 77, **109**, 110
Duchroth 92, 95

Eckelsheim 52, 57, 106 f.
Eisen 38, 92
Eisenerz 8, 92 f.
— Bergbau 90, 92 ff.
Eiszeit 7, 125
Ellweiler 95
Elsheimer Meeressand 60
Ems 19, 31 ff.
— Fossilliste 28 ff., 33

Enhydros 87
Eozän 53
Erdöl 53, 66
Euzonosoma tischbeiniana **2**

Fazies 22, 25, 40, 50, 53, 57
Fischbach/Nahe 9 f., 83, 90, 107 f.
Flonheim 54, 89
Freisen 49, 84, 86 ff., 96
Fumarole 86, 125
Furcaster palaeozoicus **74**, **75**

Gedinne 19 f., 66, 111
Gemünden 8, 11 f., 38, 55, 68, 72, 77, 81, **81**, 95, 108 ff.
Gemündina stürtzi **76**, 110
Geologischer Hunsrück-Lehrpfad Gemünden 63, 110 ff., 111
Geosynklinale 19, 25, 38, 125
Glycymeris obovata **57**, 98 f., 107
Gneis 15, 38, 111, 125
Goethit 89, **89**
Gräfenbacher Hütte 93
Grauwacke 36, 125
Greimerath 52
Griebelschied 15
Grube Altlayenkaul 80 f., 84, 115
— Eschenbach 31, 83 f., **83**, 104
— Frühberg 84
— Gute Hoffnung/Hahn 83
— Herrenberg **9**, **16**, 39, 83 f., 104 f., **104**
— Korb/Eisen 20, 38, 95 f.
— Rhein/Bacherach 72, 84
— Schmiedenberg 83 f.
Grünschiefer 38, 125
Gyttja 68

Henau **21**, 38, 95
Hermeskeil 21
Hermeskeil-Schichten 21 f.
Herrstein 22, 83
Hunsrück 11 ff., 15 ff., 40, 44 f., 52 f., 60, 63 f., 92, 110 ff.
Hunsrückschiefer 25 ff., 50, 66 ff.
— Entstehung 66 ff.
— Fossilien 66 ff., 71 ff.
— Fossilfundpunkte 103 ff., 110, 115, 120
— Fossilliste 28 ff.
— Meer 6, 25, 66 ff., 71 ff.

126

– Präparation 77 ff.
Hydrobien-Schichten 63
– Fossilliste 62
Hymenosoma opitzi 72

Idar-Oberstein 12, 45, 49, 81, 87 ff., 95, 97, 112, **112/113**

Jaspis 87, **87**, 89, 96
Jeckenbach 42 f., 112 ff.
Jeckenbacher Schichten **42**, 43 f., 102, 112 ff.

Kaisergrube 70, 77, 82 ff., **108**, 110
Kaledonische Gebirgsbildung 15
Kaledonisches Gebirge 19
Karbon 20, 38 ff., 50
– Fossilliste 38
Karst **63**, 64, 94, 112
Kastel 88
Kastellaun 12
Kaub 11, 81
Kirchberg 11 f.
Kirn 12, 38, 48, 89, 90, **116**
Kirschweiler 83
Klerf-Schichten 32 f.
Kohle 40, 60, 95
Koniferenzapfen 118, **118**
Koppenstein **7**, 13, **13**
Korallen 22, 35, **115**, 117, 125
Krappstein 80, 105
Kreuznacher Schichten **51**, 51 f.
Kupferbergbau 10, 90, 107 f.
Kupferbergwerk Fischbach 90, **91**, 107 f., **107**
Kupferglanz **91**

Langenthal 92, 114
Lauterecken 60, 95
Lautereckener Schichten 44 f.
Leißberg 87, 89
Leitfossil 20, 22, 27, 51, 60, 74, 99, 117
Lemberg 10, 40, 45, 82, 91, 95, 100 f.
Lindenschied 11, 83
Löß 7, 12, 64, 100
Loriolaster mirabilis **25**
Lunaspis heroldi **69**, 70, 110

Mainz 10, 60, 63
Mainzer Becken 15, 17, 52 ff., **60**, 63
Manganerz 93 f., 119
Medard/Glan 8, 45
Meeressand
– Fossilfundpunkte 57, 98, 106, 118 f., 122
– Fossillisten 55 f., 59, 119, 123
– Oberer 57 ff., 99, 118 f.
– Unterer 54 ff., 98 f., **99**, **106**, 106 f., 118 f., 123
Meisenheim 12, 95
Melaphyr 45, **48**, 49, 84 ff., 90 f., **96**, **111**, 125
Mengerscheid 11, 83
Mesozoikum 52
Metamorphe Gesteine 15, 40, 114
– Zone 38, 49, 114, 117
Metamorphose 15, 40, 49
Micromelerpeton credneri **44**, 45
Mimetaster hexagonalis 70, 72, **73**
Mineralfundpunkte 38, 87 ff., 90 ff., 100, 107 f., 112, 114 f., 120 ff.
Miozän 60
Mitteldeutsche Schwelle 25, 40
Mörsfeld 91, 95
Moschellandsberg 91, **92**, 95, 114
Mosel 11, 19, 25, 32, 82
Museen 94, 100, 103, 112, 117

Nahecaris stürtzi **27**
Neu-Bamberg 52, 57
Niederhausen/Nahe 90
Niederwörresbach 87 ff., 96 f.
Nohfelden 45, 90
Nunkirche 11, **12**, 117

Oberhausen/Nahe 40, 95
Oberkirchen 88, 96
Oberkirn 11, 83
Obermoschel 45, 90, **92**, 95, 114
Oberrheingraben 15, 17, 52 f., **52**, 54 f., 60, 63, 100
Oberthal 87, 89
Odenbach 95
Odernheim 115
Odernheimer Schichten 44, 115
Old Red-Kontinent 15, **18**, 19, 25, 33, 66, 70, 77
Oligozän 52 ff., 94

Orogenese 15, 40, 125
Orthoceras sp. **75**
Otolithen 98, 123
Otzenhausen 8 f., 90, 92

Palaeosolaster gregoryi **67**
Panzerfisch 19, **69**, **76**, 77
Papierschiefer 44, 115
Paramblypterus sp. **43**
Parisangulocrinus sp. **117**
Pechelbronner Schichten 53
Pecopteris arborescens **45**
Pektolith **48**
Perm 40 ff., 50, 112
Phacops ferdinandi 70 f., **73**
Phyllit 38, **114**, 117, 125
Plankton 70 f., 115
Plattenstein 80, 104 f.
Plattentektonik 15, **34**, 39 f., 125
Platyorthis circularis **23**
Pleurodictyum problematicum **23**
Pliozän 63 f.
Prehnit **49**, 89
Pteridophyta 28, 125
Pyrit 31, 38, 54, 60, 70 f., 80, 89

Quartär 63 f.
Quarzit 21 f., 25, 33, 125
Quarzporphyr 13, 45, 49 f., 89, 91, 95, 100, 106, 112, 125
Quecksilber 82, 90 f., 100 f., 114 f.

Radon 100
Ravengiersburg 11, **82**, 117
Reichenstein, Burg **64**, 94
Reiffelbach 95
Reptilien 44 f.
Rhaunen 11, 83
Rhein 63 f., **64**, 101, **101**
Rheinböller Hütte 93 f.
Rheingrafenstein 63, 90, **100**
Rheinisches Schiefergebirge 11, 15, 52, 64, 101
Rhyolith s. Quarzporphyr
Riffkalke 34 ff.
Rochusberg 101
Rockenhausen 87, 91, 95, 115
Röntgentechnik 77 ff.
Rotenfels 13, **13**
Rotliegendes 38, 40 ff., **42**, 84 ff., **102**, 112, 114 f., 117

127

- Fossilfundpunkte 102, 112 ff., 115, 117 f., 121 f.
- Fossilliste 46 f.
- Gliederung 41
Rudolfshaus 11, 73, 80 f., 115
Rupelton 53 f.
- Fossilliste 55 f.

Saar-Nahe-Senke 15, 17, 40 ff., 102
St. Goar 38
Sapropel 68
Schieferbergbau 11, 81 ff., 104 f., 110
Schieferung 80, 105, 110
Schlangenstern 2, 25, 72 f., **72, 74, 75**
Schleichsand 57 ff.
- Fossilliste 59
Schleifmühlen 97, **97**
Schloß Dhaun 13, 117
Schmidtburg **9**, 13, 39, 92, 105 f.
Schmittenstollen 91, 101
Schwarzenbach 9, 92
Schwarzschiefer 102
Schweppenhausen 15, 38
Sclerocephalus sp. **43**
Seelilie **68**, 72, **78, 79**, 117
Seestern **67**, 72 f.
Selberg 90 f.
Siegen 19, 32, 66, 103
Silber 90, 114 f.
Simmerhammer 93 f.

Simmern 11 f., 117
Sobernheim 51 f., 54, 118
Solequellen 100
Soonwalderze 93
Sponheimer Schichten 51, 117
Stahlberg 90 f., 95, 115
Staudernheim 88
Steigerberg 57, 106 f.
Steinhardt 52, 57 f., 118
Steinhardter Erbsen 57, 118, **118**
Steinkallenfels 13, **116**
Steinkaulenberg 87 f., 96 f., 112
Stilpnosiderit 93, 125
Stromberg **35, 36**, 54, 63
Stromberger Hütte 93
Stromberger Kalk 20, **35**, 50, **63**, 64
Süßwasser-Schichten 60
- Fossilliste 61

Taunusquarzit **21**, 22, **22**, 50
- Fossilfundpunkte 102 f., 120
- Fossilliste 23 f.
Tertiär 15, 52 ff., 93, 94
- Fossillisten 55 f., 59, 61 ff.
- Gliederung 53
Thalfang 39
Thallocrinus hauchecornei **68**
Thallocrinus procerus **78, 79**
Thallophyta 28, 125
Tiefenbach 81, 93
Toneisenstein 44, 92, 112

Transgression 19, 60
Trias 52
Trier 10 f., 82
Trilobiten 22, 31, **69**, 70 ff., **73**, 117
Trollbachtal 102, **102**
Tuff 31, 33, 45, 70, 105, 125
Turbidit 36, 115, 125
Tympanotonos margaritaceus **58**

Uran 95

Varistische Faltung 15, 38 ff., 66, 95
Vordevon 15, 20
Vulkanismus 31, 33, 36, 39, 45, 49 ff., 70, 84 ff., 104 f.

Waderner Schichten 50 f., **102**, 117
Waldalgesheim 8, 54, 94, 118 f.
- Grube Amalienhöhe 94, **94**, 119
Waldböckelheim 54, 119, 123
Wartenstein, Schloß 15, **18**
Weinheim 52, 54 f., 57, 98 f.
Weiselberg/Oberkirchen 88, 96
Welschberg 52 ff., 58, 119, 123
Wendelsheim 52, 57, 89, 106 f.
Wißberg 52, 63, 101
Wöllstein 54

„Zaphrentis" sp. **115**, 117